中国现代农业科技小院丛书

黄土高原苹果
高产高效生产技术问答

刘全清　方　杰　张江周　主编

中国农业出版社

中国农业实用科技小丛书

黄土高原苹果

高产高效生产技术问答

中国农业出版社

前 言

　　随着社会经济的快速发展和人民生活水平的进一步提高，肥料已成为我国农业必不可少的生产资料之一。我国用全球 7% 的耕地生产了全球 21% 的粮食，但同时化肥消耗量却占到全球的 35%。由此可见化肥用量过多已成了我国粮食"十一连增"背后的尴尬现实，过量施肥造成的耕地退化特征日趋明显。对此，2015 年中央农村工作会议、中央 1 号文件和全国农业工作会议都表明要大力推进化肥减量提效、农药减量控害，积极探索产出高效、产品安全、资源节约、环境友好的现代农业发展之路。国家农业部 2015 年 2 月表示将在全国范围内实施化肥使用量零增长行动，力争到 2020 年主要农作物化肥使用量实现零增长。

　　农业部专家指出，"实施化肥使用量零增长行动，需要推进精准施肥、调整化肥使用结构、改进施肥方式、推动有机肥替代化肥"。此外，还要强化农业科技支撑，发展节水农业，加强畜禽粪污、秸秆、农膜等资源化利用和农业面源污染治理。

　　为贯彻落实中央农村工作会议、中央 1 号文件和全国农业工作会议精神，湖北新洋丰肥业有限公司面对肥料行业发展的激烈竞争和挑战，积极与中国农业大学等高校和科研院所合作，创新生产系列主要作物专用肥，同时引入中国农业大学探索的"科技小院"模式以尝试技术服务水平升级。为帮助肥料企业从事苹果专用肥销售的新员工在短期内熟练掌握苹果施肥及其配套的高产高效栽培与管理技术，尽快成为既能销售又能提供技术服务的企业多能人才，同时也为果农提供综合性的技术参考资料，继而为推进化肥减量提效做出更大的贡献，我们特以我国苹果优势产区为服务对象，编写了《黄土高原苹果高产高效生产技术问答》一书。

本书主要以问答的形式介绍了黄土高原地区苹果的高产高效栽培技术，内容主要分为四个部分，第一部分为黄土高原苹果的生产条件概述；第二部分介绍了苹果生产的植物学与生理学知识；第三部分介绍了黄土高原苹果生产的高产高效技术知识，包括良种良砧的选择、果树的整形、果园土壤与水分管理、施肥技术、病虫害防治及肥料和农药的基础知识；第四部分介绍了黄土高原苹果生产的周年管理。

本书是在山东农业大学姜远茂教授的指导下完成的，感谢姜老师为本书编写提出的宝贵意见，感谢作物养分管理行业专项的支持。由于编者水平有限，难免存在错误和不足之处，恳请读者批评指正。

编　者

2015 年 9 月

目　录

Contents

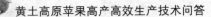

一、黄土高原苹果的生产条件概述

1. 中国苹果主要的四大产区及其气候和生态适宜性怎样？

中国的苹果种植面积和产量均占世界总量的40％以上，在东北、华北、华东、西北和四川、云南等地均有栽培，主要有黄土高原、渤海湾、黄河故道和西南冷凉高地四大产区。根据气候和生态适宜标准，黄土高原产区和渤海湾产区是中国最适苹果产区，两个区域苹果栽培面积分别占全国的44％和34％，产量分别占全国的49％和31％，出口量占全国的90％以上（表1）。

表1　中国苹果四大产区生态适宜指标

产区名称		主要指标			辅助指标			符合指标项数
	年均温（℃）	降雨量（毫米）	1月中旬均温（℃）	年极端最低温（℃）	夏季均温（6～8月，℃）	>35℃天数（天）	夏季平均最低气温（℃）	
最适宜区	8～12	560～750	>−14	>−27	19～23	<6	15～18	7
黄土高原区	8～12	490～660	−8～−1	−16～−26	19～23	<6	15～18	7
渤海湾区 近海亚区	9～12	580～840	−2～−10	−13～−24	22～24	0～3	19～21	6
渤海湾区 内陆亚区	12～13	580～740	−3～−15	−18～−27	25～26	10～18	20～21	4
黄河故道区	14～15	640～940	−2～2	−15～−23	26～27	10～25	21～23	3
西南高原区	11～15	750～1 100	0～7	−5～−13	19～21	0	15～17	6

2. 黄土高原产区的范围及其在全国苹果产业中的地位怎样?

黄土高原产区包括陕西渭北和陕北南部地区、山西晋南和晋中、河南三门峡地区和甘肃的陇东及陇南地区,含69个苹果重点县(市),其中陕西28个、甘肃18个、山西20个、河南3个。陕西铜川、白水、洛川和甘肃天水等地,已经成为我国外销苹果的重要生产基地。苹果栽培品种主要是着色系富士、新红星、乔纳金等。该区域2007年苹果面积1 537万亩[①],占全国的52%,总产量1 384万吨,占全国的49.7%;苹果浓缩汁出口量和出口额均占全国的65%,但鲜食苹果出口量和出口额仅占全国的4.3%和4.9%。该区域跨度大,生产条件和产业化水平差别明显。以陕西渭北为中心的黄土高原地区是我国最重要的优质晚熟品种苹果生产基地和绿色、有机苹果生产基地;陇东、陇南及晋中等地区是我国重要的优质元帅系品种苹果集中产区;核心区周边及低海拔地区是加工苹果的良好生产基地。

3. 黄土高原苹果产区生产条件优势在哪些方面?

黄土高原苹果生产优势地带是世界上黄土面积最大、黄土层最深厚的地区,生产规模大、集中连片、发展潜力大,果农生产积极性高,相关产业发展迅速。一方面由于海拔高(600~1 300米)、光照充足、昼夜温差大(11.8~16.6℃)、土层深厚等自然条件优势,产出的苹果品质极佳;另一方面由于工矿企业少,对大气、土壤、地下水等生态环境污染轻,是我国生产无公害苹果的最佳产区。20世纪80年代初,中国农业科学院果树研究所在全国苹果区划报告中认定黄土高原是全国唯一符合苹果生长七项气候指标要求的优生区。除气候指标与世界几个苹果著名产地基本相似外,还有

----

① 亩为非法定计量单位,1亩=1/15公顷≈667米²。——编者注

一些条件如海拔高、昼夜温差大，土层深厚且质地疏松、透气蓄水能力强、气候干燥、空气湿度低、病虫害发生轻等特别优越。这里所产苹果形正、色艳、细脆、香甜、耐贮藏、污染少，深受消费者欢迎。

二、苹果生产的植物学与生理学知识

4. 苹果树生长发育对光照、温度、水分和土壤有什么要求?

苹果树喜光,果实的干物质约为其鲜果重的 $15\%\sim20\%$,其中 95% 以上来自光合作用。海拔 3 000 米以上、年日照少于 1 500 小时或果实生长后期月平均日照不足 150 小时的地方,果实着色差、品质劣;在枝密、叶多,树冠内膛郁闭到光照不足正常日光的 15% 时,果实品质也差;树冠内膛郁闭到光照不足正常日光的 5% 时,不仅坐不了果,且叶片早衰、枝条早枯。

日光充足的高寒地区有利于苹果果实的发育及其优良品质的形成。日光中的紫外光有利于果实着色并抑制枝条生长,蓝紫光与青光对苹果枝条节间的生长有一定的抑制作用,红光及红外光则有利于果树体内碳水化合物的合成并促使节间延长,蓝光有利于树体内蛋白质和有机酸的合成。因此,照射果树的光线波长组合不同时也会间接影响芽的分化。散射光以红、黄光波为主,可以补充树冠内膛光照。

温度可影响酶的活性及细胞膜的透性,继而影响果树的呼吸、蒸腾、光合等生理过程和各器官的活性。在年平均气温 $7\sim17℃$,年有效积温($\geq10℃$)$2\ 000\sim3\ 000℃$ 或以上的地区都可以栽培苹果中熟乃至晚熟品种。从当前苹果栽培情况看,1 月份平均气温在 $-14℃$ 左右,冬季 $-20℃$ 的低温期持续 20 天左右,最低气温 $-33℃$ 左右的地区,是苹果栽培的最北界。

苹果树忍受低温的能力因其器官和生长状态不同而异。休眠期果树的地上部可忍受极短期-30℃左右的低温，小果树的地上部可耐极短期-35℃的低温；根系温度不能低于-12℃；休眠以后的果树耐冻能力随其芽的萌动而减弱，花蕾期可耐-3.9～-2.8℃，花期为-2.2～-1.7℃，落花后幼果一般不能低于-1.1℃。一般情况下苹果树需要7.2℃以下低温1 200小时才能顺利通过休眠。

　　苹果生育期的有效温度指标因器官不同而异，根系无休眠期，在0℃以上即有微弱的吸收活动；芽的萌动期一般应≥5℃；实际上以≥3℃的积温来预测花期变幅最小；我国近年来的研究资料表明，常年开花期与3～5月的旬平均最高气温关系最为密切。

　　果实发育的有效温度为≥10℃。落花以后的日平均温度已在10℃以上，温度过高不利于花芽分化和果实优良品质的形成。研究资料表明，花芽分化期以日均最低温度15～19℃，6～8月平均温度在18～23℃之间为宜，月平均温度大于26℃则不利于花芽分化；幼树与成龄树、旺树与弱树开始花芽分化的时期不一。凡夏季月平均温度低于26℃的地方，高温不是影响花芽分化的决定因子，但夏季高温会促使果实发育过快，提早成熟，同时由于呼吸加强，同化物质的消耗加速，致使糖含量及酸含量偏少，耐贮性变弱。果实成熟前30～50天的夜温超过17℃时，着色不良。当白天高温（25℃左右）而夜温过低（≤15℃）时，则由于山梨糖醇酶的钝化，使输向果实的糖分在细胞间隙集积而容易引发水心病（糖蜜病）。

　　花后气温过高再遇干旱时细胞分裂停止早，花后气温过低则会阻碍细胞分裂，这两种情况均可使果实变扁。花期有较长期0～5℃的低温时，幼果易受寒害使萼周围组织坏死而形成"霜环"。

　　苹果果实含水量为80%～85%，合成1克干物质的需水量约为146～425克，若以平均250克的需水量估算，亩产2 500千克的苹果园，约需水625毫米。我国苹果主要产区年降水量在600～800毫米之间，若不使其蒸发流失，则基本上可以满足苹果生长的需要。西北各地冬春多风干旱时，苹果幼树会抽条死亡，春旱严重的年份，特别是干旱山区的苹果园遇春旱时坐果率甚低，可造成严重减产。花期多雨可直接限制苹果坐果率。

果园土壤层厚度、土壤通气性、土质等性状对苹果树的生长、果品产量及质量影响较大。苹果需要土层深厚、排水良好、富含有机质，微酸性到微碱性的土壤。土壤通气良好、孔隙度在10%以上时，根系生长正常；孔隙度在10%以下时，根系生长不良。

5. 影响苹果树产量的因素有哪些？

影响苹果树产量的因素包括树体种性、光合效能、营养状况、环境条件（包括土壤条件、气候条件、生物条件等）、人为因素等。

6. 苹果树根系生长规律及主要构成是什么？

苹果树在定植后，幼龄期根系水平伸展速度一般是树冠的2~3倍，成龄期根系水平伸展一般会与树冠外缘相适应。苹果树根系下扎深度随着树龄的增长而相应增加，但以土质和水位而异在30厘米至3米不等，主要吸收根层多分布在10~40厘米之间。根系没有自然休眠期，一般栽培条件下全年有2~3次与地上部生长相应的生长高峰。

根系生长的第一次高峰多在萌芽前开始，到新梢旺盛生长期转入低谷。这次高峰生长期短、发根多、以细根为主，主要靠树体的贮藏养分维持。第二次高峰出现在春梢快要停止到秋梢开始生长前。这次发根高峰生长期也短但长势强，主要发生细根及网状根。第三次高峰多在秋梢缓长之后出现。此次发根时间较长、生长根量多，随气温、土温下降而逐渐减弱，当土温降到7℃以下时停止生长，低于0℃时呼吸也停止。

在一年中土壤上层与下层根的生长随土壤温度、湿度及通气情况变化有相互交替的现象。春季上层根活动较早，下层根活动较晚；夏季上层根生长量较小，下层根生长量则较大；秋季上层根生长又会加强。

7. 果树芽的类型及功能是什么？如何辨别苹果花芽和叶芽？

果树芽依其本身特征分为叶芽和花芽。叶芽内仅有叶原基，萌发后抽生成枝条；花芽为混合芽，芽内既有花原基又有叶原基，萌芽后抽极短的枝段并在顶端开花长叶。

果树芽依其着生位置及发生状态可分为顶芽、侧芽（腋芽）和不定芽。苹果树的芽属于晚熟性芽，在正常情况下当年不萌发，要经过冬眠以后在次年春季才萌发。幼树或旺树在受到刺激时也可在当年萌发。近几年选育的早熟性短枝型品种苹果树稍加刺激即可在当年萌发。苹果树上还有相当数量的休眠性腋芽（叶芽），其形成当年不萌发但寿命很长，当受到内部或外来刺激时便可旺盛生长且大多形成徒长枝；不定芽多着生在根部或其他不是节的部位上。

芽的分化主要依据树体或枝条的营养水平而定，既可分化成叶芽，也可分化成花芽。花芽表现为芽体饱满、鳞片较多且光亮，先端比较钝圆；叶芽则瘦小而先端尖，有时有较多的茸毛，无光亮。

8. 苹果花芽分化有哪几个阶段？花芽形成需要哪些条件？

苹果树芽的生理分化期一般在新梢停长后。花芽形态分化时先在秋季落叶前于花芽内形成花的全部器官，再于越冬后进一步发育花粉粒和胚珠。

苹果树的花芽分化一般具备 3 个条件：一是树体内营养物质和内源激素达到某种平衡；二是环境条件适宜；三是芽原体处于分化阶段。

有利于花芽分化的树体营养状况是氮素适量、碳水化合物充足。苹果树体内促进成花的内源激素主要有细胞分裂素（主要在幼嫩的根系中产生）和乙烯（主要在枝条的节上产生）等；抑制成花的内源激素主要有赤霉素（主要在幼叶和幼嫩的种子中产生）等。当苹果树体内促进成花的内源激素比抑制成花的内源激素居于优势时则加速花芽分化。适宜的环境条件不外乎是充足的光照、适度的干旱和20～25℃的气温。芽原体处于分化阶段的特征是芽生长点仍处活动期，生长点细胞仍在继续分裂但不迅速加长而萌发。

9. 什么是果树的叶面积系数和叶幕？果园合理的叶面积系数是多少？

果树的叶面积系数（指数），即单位面积上所有果树叶面积总和与所占土地面积的比值。叶面积指数＝绿叶总面积÷占地面积。多数果树以3.5～4.5为宜。

叶幕，指同一层骨干枝上全部叶片构成的具有一定形状和体积的集合。

果园合理的叶面积系数（指数）范围，即在苹果园中叶面积系数低于3为低产指标，超过6为过于密闭，3.5～4.5较为理想。

在一定的范围内，果树的产量随叶面积指数的增大而增加。当叶面积增大到一定的限度后，会导致空间郁闭、光照不足、光合效率减弱，无效叶甚至寄生叶比率增多，继而导致产量减少。有关资料表明，丰产苹果园的营养面积利用率，平地一般为75％～80％，宽幅梯田可达90％，窄幅梯田还可适当加大。当营养面积利用率接近80％时，树冠便开始交接，产量最大，也最稳定；当营养面积利用率高于100％时，树冠交接率便大于20％，会导致减产且果实品质较差，红皮品种表现更差。

10. 什么是苹果树的营养生长期和结果期、生长期和休眠期？

苹果树生命周期：指果树从生到死的生长发育全过程。包括幼龄期（营养生长期）、成龄期（结果期）和衰老期。

苹果树营养生长期：指果树从树苗定植到第一次开花结果的生长时期。

苹果树结果期：指幼树第一次开花结果到果树产量水平明显下

降等衰老特征出现的时期。分为结果初期、结果盛期和结果后期 3 个阶段。

苹果树生长期：指果树各部分器官表现出显著形态和生理功能变化的时期。

苹果树休眠期：指果树的芽或其他器官生命活动微弱，生长发育表现停滞的时期。

三、黄土高原苹果生产的 高产高效技术知识

11. 黄土高原苹果高产高效技术体系主要有哪些内容？

黄土高原苹果生产的高产高效技术体系主要包括：①良种良砧的选用；②整形修剪；③土壤和水分管理；④果园高产高效施肥；⑤病虫害防治。

3.1 良种良砧的选用

12. 黄土高原区常用的主要优良苹果品种有哪些？

黄土高原区苹果栽培品种中，陕西目前在生产中可见到的主要品种为富士、秦冠、嘎拉和元帅。甘肃的主要品种为富士、元帅。山西的主要品种为富士、元帅。河南的主要品种为富士、秦冠。

目前生产早、中熟品种以嘎拉（皇家嘎拉、红嘎拉、丽嘎拉）为主，也有一部分为藤牧1号、美国8号等；中晚熟品种以元帅、华冠为主，也有一部分为首红、金冠、千秋、乔纳金、早生富士等；晚熟品种以红富士（长富2号、岩富10号、秋富1号等）、短枝富士（礼泉短富、秦富1号、惠民短富等）、秦冠为主，也有一部分为王林、寒富、粉红女士等。

嘎拉：中熟、品质上乘，较耐贮藏，果实中等大，单果重180～200克，短圆锥形，着色艳，可溶性固形物含量较高。果顶有五棱，果梗细长，果皮薄，有光泽。幼树结果早，丰产稳产易于管理。比普通苹果早熟，8月中旬着色，下旬上市。

元帅：有黄元帅（又名金帅，黄香蕉）和红元帅（又名蛇果）。黄元帅果形长圆锥形，单果 170g 左右。成熟后果皮呈金黄，阳面带有红晕，皮薄无锈斑，有光泽。肉质细密，呈黄白色，汁液较多，味深醇香，甜酸适口。红元帅为红香蕉（元帅）的浓条红型芽变，是世界主要栽培品种之一。果实圆锥形，平均单果重 200 克，大者可达 500 克以上。果肉黄白色，肉质脆，质中粗，较脆，果汁多，味甜；可溶性固形物含量 14%，有浓郁芳香。

元帅系列品种有新红星、首红、红矮生、俄矮 2 号、阿斯等。其中的新红星颜色较深，形状与传统品种并无明显区别，树体强壮、直立，枝粗壮，易形成短果枝，树冠紧凑，结果早，适宜密植栽培。

华冠：该品种苹果在山西和河南两省 3 年结果，四年生亩产可达 1 300 千克。果实呈圆锥形，平均果重 170 克。果实底色绿黄，果面着有 1/2～2/3 鲜红色，带有红色连续条纹，延期采收可成全面红色，果面光洁无锈，果点稀疏、小；果梗长 2～3 厘米，果皮厚而韧；果肉淡黄色，肉质致密，脆而多汁，风味酸甜适中。可溶性固形物含量为 14.0% 左右；果实的耐贮性超过秦冠，略优于富士。不论土壤肥沃还是浅山丘陵的薄地，只要选择合适的砧木都能早期丰产。每年 9 月中旬果商即开始收购，此时果实色泽及风味稍差，但中熟品种采收期已过，红富士还不成熟，所以价格不菲。

红富士：这一品种具有晚熟、质优、味美、耐贮等优点，是世界上最著名的晚熟苹果品种。树冠中长、中、短枝的比例因树龄和树形而异，随着树龄增加，中长枝所占比例减少，短枝量增加。高接枝龄 3～4 年生时，短枝和叶丛枝即达 70%。乔砧树 4～5 年开始结果，矮砧树 3 年开始结果，5 年后进入盛果期。果实大型，平均单果重 220 克，最大果重 650 克；果形扁圆至近圆形，偏斜肩。果面光滑，无锈，果粉多，蜡质层厚，果皮中厚而韧；底色黄绿，着色片红或鲜艳条纹红；果肉黄白色，致密细脆，多汁，酸甜适度，可溶性固形物含量 14.5%～15.5%，贮藏后香气更浓，风味更佳。果实发育期 170～180 天，10 月中下旬采收。

长富 2 号：果面浓红、艳丽，90%着鲜红条纹，肉质细脆、致密，汁液多，酸甜适中，硬度大，是目前市场上最受欢迎的晚熟品种之一。

岩富 10 号：大型果，果实底色黄绿，全面着浓红或鲜红色，色调鲜艳，果面光滑，富有光泽，品质极上。

短枝富士：这一品种是普通富士的紧凑型芽变。主要表现在树体中短枝多，枝条粗壮，节间短，叶片大，其果实性状变化不大。目前生产上的短枝型品种有宫崎短枝、惠民短枝、福岛短枝、烟富 6 号、礼泉短富、青森短枝富士 S 号、石富短枝、晋-18 短枝等。

秦冠：这一品种树势强健，树冠高大，树皮光滑，多年生枝暗红褐色，一年生枝褐色，节间长，皮孔大而密，椭圆形，茸毛少。果实是苹果类最耐贮品种，10 月中下旬成熟，平均单果重 230 克以上，短圆锥形，颜色暗红，在冷凉地区果实全面鲜红，果皮较厚。可溶性固形物含量 16.5%，在平原和山区生长时结果皆好，且丰产稳产。

13. 黄土高原区常用的优良苹果砧木有哪些？

目前西北黄土高原区多采用西府海棠、楸子、新疆野苹果等为砧木。比较常用的优良砧木有楸子、西府海棠。

楸子：主要有莱芜茶果、烟台沙果等。根系深，须根发达，比较抗旱、耐涝、耐盐，嫁接苹果亲和力良好，树体较小，结果较早。果实卵形，直径 2～2.5 厘米，红色，先端渐尖，稍具隆起，萼洼微突，萼片宿存肥厚，果梗细长。花期 4～5 月，果期 8～9 月。生于山坡、平地或山谷梯田边。其类型很多，适应性强，是苹果的优良砧木。在陕西、甘肃的黄土高原上作苹果砧木，生长健壮，寿命很长。

西府海棠：小乔木，高 2.5～5 米，树枝直立性强，是中国的特有植物。在北方干燥地带生长良好，在绿化工程中较受欢迎。在中国果品名称中，海棠的品种极为复杂，尚待研究统一。其 2009年 4 月 24 日被选为陕西宝鸡的市花，宝鸡古有西府一称，西府海棠由此而来。其果实近球形，直径 1～1.5 厘米，红色，萼洼梗洼均下陷，萼片多数脱落，少数宿存。花期 4～5 月，果期 8～9 月。

14. 常见的优良矮化砧木有哪些？

（1）M 系砧木：即英国选育的 27 个苹果矮化砧木类型（M1～M27）。其中的 M7、M9 和 M26 特点如下：①M7，其压条生根力强、繁殖系数高，耐瘠薄、抗旱、抗寒，与苹果嫁接亲合力强。缺点是不耐涝、易生根头癌肿病，最好用自根砧。②M9，其原名黄色梅兹乐园。我国将其列为矮化砧，与一般品种嫁接亲和力尚好，但固地性较差，不抗旱，有折干倒伏现象。③M26，其易繁殖、压条生根好、繁殖率高，与苹果品种嫁接亲和力强，植株生长矮化、产量高，果实品质好，宜作中间砧。缺点是根系浅、不抗绵蚜和颈腐病，有"小脚"现象，在一些地区越冬抽条严重，不宜在沙质土和贫瘠干旱地域栽植，需要较好的土壤和管理条件。

（2）MM 系砧木：即英国选育的 15 个苹果矮化砧木（MM101～MM115）。其中的 MM106 半矮化砧易生根、根系发达、树势强、固地性好、适应性强，抗苹果绵蚜及病毒病，与一般苹果品种嫁接亲和力好，早果丰产，但易感白粉病，作中间砧矮化效果不够理想，最好用自根砧或嫁接短枝型品种。

（3）SH 系砧木：即山西省果树研究所用国光与河南海棠种杂交育成的砧木。其中的极矮化型有 SH4、SH20、SH21；矮化型有 SH5、SH6、SH9、SH10、SH12、SH17、SH38、SH40；半矮化型有 SH3、SH15、SH22、SH24、SH29 等。值得注意的是 SH 系列砧木抗缺铁黄化较差，在 pH 较高区域应用时应注意。

（4）其他的矮化砧：我国苹果矮化砧木种类繁多，主要有崂山奈子、武乡海棠、陇东海棠、樱桃叶海棠、拘子条、晋矮 1 号等。

15. 什么样的果树可作授粉树？苹果园应怎样配置授粉树？

苹果的绝大多数品种自花不实或自花结实率很低，为了增大果品产量，建园时必须配置授粉树。

授粉树应具备的条件：①与主栽品种同时开花且能提供大量的优质花粉；②花粉与主栽品种要有良好的亲和性并能与主栽品种相互传粉；③寿命长短与主栽品种相仿且能连年丰产；④自身能结出经济价值较高的果实且果实成熟期与主栽品种相近或衔接。

苹果园授粉树的配置：授粉品种与主栽品种比例以 1∶1～4 为宜。即栽 1 行授粉树需间隔 1～4 行主栽品种，授粉品种与主栽品种距离一般不超过 50 米，最好控制在 30 米以内。授粉树少时，可采取梅花形配置方式，一般应占总株数的 30%。

16. 苹果苗木有哪些类型？用脱毒苗木建园有什么好处？

苹果苗木一般依砧木类型可分为乔化砧苗、矮化中间砧苗、矮化砧自根苗。

经脱毒后培育的苗木叫脱毒苗木，又称无毒苗木。生产上用脱毒苗木建园后，树体生产量大、生长健壮、成园快、结果早、丰产性好、果个大、光洁度好，产量可增加 20%～40%，经济效益高。

3.2 果树整形修剪

17. 什么是果树的树体结构？

主干、树冠、中心干、骨干枝、辅养枝以及着生在骨干枝和辅养枝上的营养枝、结果枝（结果母枝或结果枝组），共同构成果树的树体结构。

18. 如何划分苹果树势等级？成龄苹果树健壮发育的外部指标是什么？

按照苹果树健壮发育的外部指标，根据树势、生长结果状况以及某些器官的形态指标，可将其划分为下列类型。

过旺树：树上 100 厘米以上的枝条超过 30%，果台副梢≥25 厘米以上。

旺树：树上 100 厘米左右枝条超过 10%，60～80 厘米的枝条超过 30%，果台副梢 20～25 厘米。

中庸树：树冠中 100 厘米以上的长枝占 5%～8%，30～40 厘米的枝条占 20%～25%，短枝占 70%，果台副梢 10～20 厘米。

偏弱树：新梢长度 20 厘米以下，果台副梢≤10 厘米或无副梢。

成龄苹果树发育健壮的外部指标：①外围新梢不超过 40 厘米，超过 40 厘米以上的枝条数量不超过 10%；②中短枝粗壮，占总量的 90% 左右，其中优质短枝占短枝总量的 60% 以上；③6 月下旬新梢停长率达到 80% 左右；④秋梢长不超过梢长 1/4。

19. 苹果枝条的类型主要有几种？不同类型枝条有什么特点？

中心树干上直接着生的永久性大枝，称为主枝。主枝上着生的永久性大枝，称为侧枝。在果树上构成树冠骨架的永久性大枝叫骨干枝。中心主干、主枝、侧枝、副侧枝等总称为骨干枝。各类骨干枝从属分明，分布均匀，角度开张，可使树势平衡，这是达到果树高产、稳产、优质、长寿的重要条件之一。着生在中心干的层间和主枝上侧枝之间的大枝为辅养枝。辅养枝的作用是辅养树体，均衡树势，促进结果。在骨干枝和辅养枝上着生许多枝条，可区分为营养枝与结果枝。营养枝着生叶芽，抽生新梢，不断扩大树冠；结果枝可同时着生花芽和叶芽并开花结果。

结果枝组又叫枝组、单位枝或枝群。在树体结构中，骨干枝构成树体骨架，枝组则是着生在骨干枝上的独立单位，是果树叶片着生和开花结果的主要部分。

枝组按其大小和生长强弱，可分为大中型枝组和小型枝组。大中型枝组起占领冠内空间的作用，小型枝组起填补大中型枝组空间的作用。

大型结果枝组具有 15 个以上分枝，主轴长 30～50 厘米。其分枝较多，有效结果枝相对较少，生长势和结果能力强，便于枝组内交替结果和更新复壮，寿命长；其生长过旺时容易遮光，不利于周围枝条的生长和结果；其势力难以平衡和控制，单位空间的产量较低。这类枝组的数量一般占总枝组数的 15%～20% 为宜。

中型结果枝组具有 5～15 个分枝，主轴长 30 厘米左右。这类枝组有效结果枝多，枝组内易于交替结果和更新，寿命较长；枝组的数量亦较多，有的品种能占到全树枝组总数的 40%～45%，结果量占全树的一半左右。中型枝组有时可以包含几个小型枝组。

小型结果枝组具有 2～4 个分枝，主轴长 15 厘米占。这类枝组分枝少，容易形成花芽，多着生在大中型枝组之间，有条件时可发展为中型枝组。这类枝组易控制、结果早，但寿命较短，本身不易更新，一般枝量约占全树枝组总数的 40%～60%。

另外，结果枝组按在骨干枝上着生的位置可分为背上、两侧和背下枝组。背下枝组生长势缓和，容易控制，结果早，但寿命短。背上枝组生长势强，较难控制，结果晚，但寿命长。两侧枝组介于中间，宜多培养两侧枝组。

结果枝组还可以按其形态特征分为松散型枝组和紧凑型枝组。

20. 苹果丰产园树体适宜的年生长指标是多少？

短枝是指因不进行节间生长而叶在短茎上紧密着生的枝条。相反，节间伸长而叶在茎上分散着生的普通枝条称为长枝。

苹果丰产园树体适宜的年生长指标要求外围新梢年生长量30～40 厘米，枝条粗壮，充实；短枝率维持在总枝量的 80%～90%，短枝的平均叶面积达到或大于 100 厘米^2；芽健壮、饱满。这是维持成龄果园长期优质、丰产的基础。

21. 什么是枝量？枝量与生长结果有何关系？如何更新结果枝组？

果树单株或单位面积上着生一年生枝的总量，称为枝量。枝量不足时，产量低，易出现大小年现象，枝量过多时，膛内光照不足、坐果率低，也易出现大小年现象。适宜的枝量既可维持树势健壮，又易实现丰产、优质的目标。苹果幼树刚开始结果时，每亩枝量 2 万～4 万条可获得 500 千克左右的产量；成龄果园适宜的每亩枝量为 8 万～12 万条。

影响枝量的主要因子是树种与品种的萌芽率、成枝力、栽植密度、土壤肥力和肥水条件、修剪的轻重和修剪的方法等。栽植密度大、肥水条件好、轻剪的果园，枝量增长快，结果早。

枝组年龄过大、着生部位光照不良、过于密挤、结果过多、着生在骨干枝的背后、枝组本身下垂、着生母枝衰弱等，均可造成树势衰弱，这种枝组需要更新。

枝组的更新要从全树生长势的复壮和改善枝组的光照条件着手，根据枝组的不同情况采取相应的修剪措施。冬剪时可回缩至强壮分枝处或回缩至垂直角度较小的分枝处并减少花芽的比例；枝组分枝较少时可疏花疏果或变花枝成营养枝复壮；过度衰弱，短截后仍不发枝而无法更新的枝组，可从基部疏除，疏除后的空间可利用附近徒长枝培养新枝组；如果疏除前附近有空间，亦可先培养新枝组，然后将原有的衰弱枝组逐年去掉以新代老。

22. 盛果期红富士苹果园每亩适宜的枝量是多少？

在长势稳定的丰产苹果园中，每生产 1 000 千克果实需要 2 万个左右的枝条量。盛果期的红富士苹果园，亩产量在 2 500～4 000 千克时，冬剪应留枝 6 万～8 万条，生长期亩枝量维持在 10 万条左右；亩产量在 4 000～6 000 千克时，冬剪应留枝 8 万～10 万条，生长期亩枝量维持在 10 万～12 万条，这时叶面积指数基本能达到适宜的指标。

23. 什么叫垂直角度、开张角度、从属关系？它们与整形修剪有何关系？

垂直角度：果树枝条与垂直方向的夹角，称为垂直角度。垂直角度在 30°以内的称为直立或不开张，40°～60°为半开张，60°～80°为开张，90°左右为水平，大于 90°时称为下垂。垂直角度较大时，枝条生长缓和，枝量增加较快，容易成花、结果，树冠内膛通风透光条件较好，大枝后部易培养结果枝组，衰老枝更新期内膛易发生更新枝。垂直角度较小时，枝条生长旺盛，枝量增加较慢，长枝比例大，不易成花、结果，树冠内膛光照条件差，大枝后部枝条生长弱、易枯死，衰老树回缩大枝时仅在锯口附近萌发更新枝，下部不易萌发，更新比较困难。

开张角度：生产上把加大骨干枝垂直角度的方法称为开张角度，把加大（或缩小）各种枝头垂直角度的方法，称为压低（或抬高）角度。开张角度的方法，主要是对骨干枝不过重短截、轻剪多留枝，同时采用支撑、拉枝和背后枝换头等综合方法培养骨干枝，避免选用竞争枝作为骨干枝。旺树的垂直角度小，重短截会促使枝条直立生长；轻剪、多留枝可以使枝条生长缓和，垂直角度增大。应用机械方法开张角度，以生长季枝条比较柔软时为宜；休眠期枝脆，拉枝时易折断或劈裂。在新梢刚刚木质化时拿枝软化是压低角度的好办法。

从属关系：即在整形修剪中，根据所选树形的树体结构要求使树冠内中心干在生长势上强于主枝、下层主枝强于上层主枝、主枝又强于侧枝、骨干枝强于辅养枝，中心干：主枝：结果枝组直径比例为 9：3：1。这种从属关系可以保持各级骨干枝的长势、树冠圆满紧凑。当前生产中往往存在主从不明，从属关系不符合树体结构要求的问题，需要采用修剪技术调整主从关系。

24. 什么是果树的辅养枝、萌芽率、成枝力、顶端优势？它们与整形修剪有何关系？

辅养枝：即着生在中心干的层间和主枝上侧枝之间的大枝。其作用是辅养树体，均衡树势，促进结果；在主、侧枝因病虫为害或意外损伤而不能恢复时，可利用着生位置较好的辅养枝培养并代替原主、侧枝。辅养枝分为短期辅养枝和长期辅养枝两类。短期辅养枝在主侧枝未占满空间时用于暂时补充空间，增加结果部位，辅助主侧枝生长；幼龄树的结果部位主要在辅养枝上；短期辅养枝主要任务是加强整体的生长势并促进早结果。长期辅养枝处于骨干枝稀疏并有发展空间的部位，未结果时辅养加速树冠扩大，结果后也可辅助甚至代替原有的主侧枝。

萌芽率：一年生枝条上芽的萌发能力称萌芽率，以萌芽占总芽数的百分率表示。不同树种和品种的萌芽率不同；不同枝条类型中徒长枝的萌芽率低于长枝，而长枝又低于中枝；不同龄期果树中幼树萌芽率较低，树龄增长后则萌芽率相应提高。一般枝条的垂直角度越大时其萌芽率越高，直立枝条的萌芽率一般较低。在修剪中常应用开张枝条角度、抑制顶端优势、环剥、晚剪等措施提高萌芽率。乙烯利等一些生长延缓剂也可用于提高萌芽率。

成枝力：萌发的芽会生长为长度不等的枝条，对此，我们把抽生长枝的能力称为成枝力，以长枝占总萌芽数的百分率表示。一般成枝力强的树种、品种容易整形，结果稍晚；成枝力弱的树种、品种，成花、结果较早，但选择、培养骨干枝比较困难。成枝力因树种、品种不同而有很大差异，是整形修剪的重要依据。富士苹果萌芽率和成枝力均较强，短枝型元帅系苹果萌芽率强，成枝力弱。成枝力强的苹果品种，长枝比例大，树冠容易因枝量过多而致通风透光不良；修剪时要注意多疏剪、少短截、少留骨干枝。成枝力弱的品种，长枝比例小，容易培养骨干枝，短截枝的数量应较多，剪截程度亦应稍重。成枝力还与树龄、树势有密切关系，也受肥水管理和土壤肥力影响。一般过旺树成枝力强，仅用修剪来调节比较困难，要配合采用控水、控氮肥措施。

顶端优势：果树树冠上枝条的先端和垂直位置较高的枝芽，其生长势最强，枝条的末端和下部的枝芽生长势依次减弱，这种现象称为顶端优势。一般枝条直立、垂直角度小时，顶端优势明显，生长势较强；垂直角度大的枝条，顶端优势不明显，萌发的枝多且先端生长势缓和。利用顶端势可以解释枝芽生长势差异的原因和修剪反应并通过修剪来控制和调节枝、芽的生长势。要维持中心干健壮和较强的生长势，就应选择直立的枝条作为延长枝；为了加强弱枝的生长势，可抬高该枝，在壮枝处回缩促长；在控制枝条旺长时可压低枝、芽或加大枝条的垂直角度。在垂直角度大的枝条上，先端优势表现为背上优势，因此在压平辅养枝时，易成弓背状并在中部背上发生大量的直立旺枝。在整形修剪中要熟悉不同树种、品种的顶端优势表现，以便调节各类枝条的生长。

25. 苹果树有几种主要树形？各树形的特点是什么？

目前苹果树的丰产树形主要有小冠疏层形和自由纺锤形（或细长纺锤形）。

小冠疏层形：要求树体干高 40～50 厘米、树高 2.5～3.0 米，全树共有骨干枝 5～6 个。第一层有主枝 3～4 个，相互错落着生，垂直角度为 70°～80°，枝上直接着生结果枝组；第二层 2 个，全部邻节或邻近排列，垂直角度为 60°，枝上直接着生中小枝组。第一层与第二层间距 80～100 厘米。

小冠疏层形的树体结构特点：树体矮小、光照较好、结果早、更新快、品质优、产量高，适宜每亩栽 34～55 棵（属中密度）。

自由纺锤形：树体干高 70 厘米、树高 3.0～3.5 米，中心主枝直立、着生 15 个左右向四周相互错落且均衡排列的主枝，相邻两主枝间距为 15～20 厘米，主枝垂直角度一般为 70°～80°，每个主枝都单轴延伸并直接着生中小枝组；每个主枝基部的粗度控制在其着生处中心主枝粗度的 20% 为宜，最大不得超过 30%。

自由纺锤形的树体结构特点：树体紧凑、枝组丰满，通风透光好、管理方便，修剪量轻、成形快，易于立体结果、产量高，结果早、品质优。

26. 什么是红富士苹果垂柳式整形法？与传统整形法有何区别？

红富士苹果的垂柳式整形法是一种简化新颖的整形修剪方法。这一方法能在显著增加单位面积产量的同时提高果品质量水平，主要适用于红富士苹果，既可以从小树开始培养，也可以用原树形改造、整形简便、成形快、易于掌握；生产的果实果形正、个头大、色泽艳，盛果期平均亩产量在6 500千克左右，最高可达10 000千克以上。

垂柳式整形法与传统整形法的区别：传统整形法是将直立旺长的枝条大量剪除，造成了果树营养的大量浪费；垂柳式整形法则大批保留旺长枝条并把达到一定长度并向上直立生长的枝条向下扭转固定，通过改变生长方向使其由营养生长尽快转化为生殖生长，使枝条的营养转化为果实的营养。这样既不破坏果树的生长势，又改变了果树的营养分配，能明显增加果实的产量，并改善质量。

27. 什么是短截、疏枝、回缩、缓放、摘心？各有何作用？

果树修剪的基本方法有短截、疏枝、回缩、缓放、除萌、刻芽、摘心、扭梢、拿枝、环刻、环剥等。

短截：指将一年生枝剪去一部分。按剪截量或剪留量分为轻短截、中短截、重短截和极重短截4种。适度短截枝条可以促进剪口芽萌发，达到分枝、延长、更新、控制（或矮壮）等目的，但短截后总的枝叶量减少，会延缓母枝加粗。

轻短截时剪除部分一般不超过一年生枝长度的1/4，保留的枝段较长、侧芽多、养分分散，可以形成较多的中、短枝，使单枝自身充实中庸，枝势缓和，有利于形成花芽。此外，修剪量小，树体损伤小，对生长和分枝的刺激作用也小。

中短截时多在春梢中上部饱满芽处剪截，剪去春梢的1/3～1/2。剪后分生的中枝和长枝较多，成枝力强，长势强，可促进生长。一般用于延长枝、培养健壮大枝组或更新衰弱枝。

重短截多在春梢中下部半饱满芽处剪截。剪口较大，对枝条的削弱作用较强，一般能在剪口下抽生1～2个旺枝或中、长枝。多用于培养枝组或发枝更新。

极重短截多在春梢基部留1～2个瘪芽剪截，剪后可在剪口下抽生1～2个细弱枝，有降低枝位、削弱枝势的作用。极重短截用于生长中庸的树上反应较好，在强旺树上仍有可能抽生。一般用于徒长枝，直立枝或竞争枝的处理，也用于强旺枝的调节或培养紧凑型枝组。

不同树种和品种对短截的反应差异较大，实际应用中要考虑树种、品种特性和具体的修剪反应，掌握规律，灵活运用。

疏枝：将枝条从基部剪去叫疏枝。一般用于清除病虫枝、干枯枝、无用的徒长枝、过密的交叉枝和重叠枝，也用于外围搭接的发育枝和过密的辅养枝等。疏枝的作用是改善树冠通风透光条件、提高叶片光合效能、增加养分积累。疏枝会削弱全树的生长势，同时削弱剪锯口以上附近枝条的生长势并增强剪锯口以下附近枝条的生长势，剪锯口越大，这种削弱或增强作用越明显。疏除的枝越大，削弱作用也越大，因此，大枝要分期疏除，一般每年疏除大枝不超过3个。

回缩：短截多年生枝的措施叫回缩修剪，简称回缩或缩剪。在壮旺分枝处回缩，则分枝数量减少，有利于养分集中，能起到更新复壮作用；在细弱分枝处回缩，则有抑制其生长势的作用，多年生枝回缩一般伤口较大，保护不好也可能削弱锯口枝的生长势。

回缩的作用一是复壮，二是抑制。生产上常运用抑制作用控制粗壮辅养枝和树势不平衡时的强壮骨干枝等；运用复壮作用一是作局部复壮，包括更新结果枝组、换头等；二是作全树复壮，包括衰老树更新骨干枝，培养新树冠。

回缩复壮技术应根据品种、树龄与树势、枝龄与枝势等因素选用。一般树龄或枝龄过大、树势或枝势过弱的，复壮作用较差。潜伏芽多且寿命长的品种，回缩复壮效果明显。

缓放：对一年生枝不剪截而任其自然生长，称为缓放（又叫甩放、长放）。缓放有利于缓和生长势，减少长枝数量，增加短枝数量，促进花芽形成。幼树缓弱不缓旺，缓平斜不缓直立。结果期树缓壮不缓弱、缓外不缓内，防止树势变弱。

生产上缓放的主要目的是促进成花结果。缓放结果后应根据具体情况及时采取回缩更新措施，只放不缩不利于成花坐果，也不利于通风透光。

除萌：即在萌芽后及时抹除多余的嫩芽，尤其是抹掉中央干、主侧枝延长头剪口下的竞争芽或背上芽，以免消耗养分。

刻芽：用小钢锯条在芽的上方（或下方，一般不用）横拉一下，深达木质部，刺激（或抑制）该芽萌发成枝的措施叫刻芽。用于平斜枝促发短枝时与开张角度结合，枝条前端 20 厘米和后端 10 厘米不刻，枝条上部和下部不刻，只在枝条两侧间隔 10～15 厘米刻一下。

摘心：即在新梢旺长期摘除新梢嫩尖部分。其作用是削弱顶端优势，促进其他枝梢的生长；能使摘心的梢发生副梢而削弱枝梢的生长势，增加中、短枝数量，提早形成花芽。幼旺苹果树的新梢年生长量很大，在外围新梢长到 30 厘米时摘心可促生副梢，达到培养骨干枝的要求。苹果树晚秋摘心可以减少后期生长量，有利于枝条成熟和安全越冬。

扭梢：在新梢半木质化时，用手捏住新梢的中部反向扭曲180°别在母枝上以伤及木质和皮层而不扭断，这种操作称为扭梢。扭梢后的枝长势缓和、积累养分增多，有利于花芽分化。

拿枝：指用手握住枝条从基部向梢头逐渐移动并轻微折伤木质部，促使枝条角度开张。主要用于当年新生直立旺梢、竞争枝、辅养枝等。可缓和长势、开张枝条角度、积累营养、提高枝条萌芽率，促进花芽和中短枝形成，培养结果枝组。6 月中旬后至落叶前均可实施，在中午和下午实施较好，在早晨和雨后实施较易折断；操作时注意手部力量，避免折断枝条或重伤枝条皮层。

28. 苹果树环刻、环剥有什么作用？

环刻是在枝干上横切一周并深达木质部而将皮层割断。环剥即在枝干上近距离环刻两周并去掉两个刀口间的一圈树皮。环刻、环剥可阻碍营养物质和生长调节物质运输，有利于刀口以上部位的营养积累、促进花芽分化、提高坐果率，刺激刀口以下芽的萌发和促生分枝，抑制根系的生长。过重的环剥会引起树势衰弱，成花量大增而坐果率减小。环刻、环剥的时期、部位和剥口的宽度，要因树种、品种、树势和实施目的选定，一般要求剥口在 20～30 天内能愈合；在剥口包扎塑料薄膜可以增加湿度、促进愈伤组织生长，还可以防止小透羽等害虫的为害。环剥常用于适龄不结果的幼树，特别是不易形成花芽的树种、品种。

29. 苹果树生长季节修剪应注意哪些问题？

苹果树生长季节修剪应注意的问题是：①修剪要及时。生长季节修剪对时间要求很严格，错过了适宜时期则效果不显著，有时还会造成相反的效果；②修剪量要轻。生长季节修剪正是枝叶繁茂的时期，大量剪除枝叶会妨碍营养物质的生产和积累、显著削弱树势、不利于花芽形成、抑制生长，所以绝不能大量去枝；③修剪宜在幼旺树或旺枝上实施，且只有在加强果园综合管理的基础上增强树势，才能取得较理想的效果。

30. 如何培养和修剪苹果树的结果枝组？

小型结果枝组的培养：①中庸枝缓放 1～2 年后形成串花枝，留部分花芽回缩或结果后回缩，然后再放再缩培养而成；②中长果枝结果后促其后部抽生短枝，然后回缩至小分枝上培养而成；③将生长较弱的小型营养枝缓放促其分生短枝，形成花芽或结果后回缩培养而成；④用果台副梢改造短果枝群培养而成；⑤用生长衰弱、密挤的中型枝组改造而成。

中型结果枝组的培养：①侧生中庸枝缓放促其成花结果后再根据其长势短截或回缩培养而成；②有发展空间的小型枝组短截其分枝培养而成；③生长衰弱的大型枝组缩剪培养而成。

大型结果枝组的培养：①用培养中型枝组的前两种方法根据枝势、空间和需要培养而成；②用生长密挤、分枝稀疏、空间有限的辅养枝改造而成；③将一些较大的缓放枝在结果 1～2 年后于较好的分枝处回缩培养而成；④将生长旺盛且有发展空间的中型枝组扩展而成。

结果枝组的修剪：包括控制结果枝组的大小和发展方向，调节结果枝组的密度和生长势、调节结果枝与生长枝的比例等。

结果枝组的大小依其着生部位以及与其他枝组之间的距离而定。一般侧生枝组可以较大，修剪方法是选择一个中庸枝组的延长枝并在饱满芽处短截；延长枝的方向应与枝轴保持顺直；疏除过多的长枝，促使枝组扩大；可由小型枝组变成中型枝组，或由中型枝组变成大型枝组。枝组修剪时应注意延长枝及其剪口芽的方向，使其向着空间大的方向发展。较大枝组的发展空间较小时可对其控制，疏除背上直立枝以减少枝组的总枝量。

结果枝组的密度依据枝组间的距离和枝组的大小而定。在枝组较稀、总枝量较少时，短截枝组的中庸枝以促生分枝和扩大枝组；枝组的延长枝细弱且短截发生的新枝更细弱时，先缓放，待其加粗后再回缩至短枝处；枝组过密以致影响通风透光和正常结果时，疏除部分中小型枝组，或将大、中型枝组改造成中、小型枝组。

结果枝组的生长势以中庸为宜，即大中型枝组都由中庸枝带头，生长量以 20～40 厘米为宜。生长势过旺枝组夏剪时摘心控制旺枝，冬剪时疏除旺枝、轻剪中庸枝；留基部瘪芽、回缩至弱枝弱芽处，或去直立留平改变枝组的垂直角度以控制其长势。生长势过弱枝组，回缩至壮枝、壮芽或垂直角度较小的分枝处，抬高枝组角度并减少枝组上的花芽量以促其复壮。

结果枝组应是既能结果又有一定生长量的基本单位。结果枝组里除大型和中型枝组外，还有一些小型枝组和直接着生在骨干枝上的结果枝，因此，应从整体考虑调节大型和中型枝组上花芽与叶芽的比例；当结果枝组之间交替结果而全树的花叶芽比例又恰当时就能稳产，且这种交替结果比一个中型枝组内的交替更易。大型和中型枝组一般可根据"三套枝"修剪的原则处理，即一套枝当年结果；一套中庸枝能分化足够的花芽，第二年结果；一套发育枝能经短截促生新的中庸枝于第三年结果。这种修剪方法在分枝较多的大型和中型紧凑枝组上易做到而在长期缓放、分枝很少的冗长松散型枝组上不易实现。

31. 苹果树修剪有哪几个时期？如何掌握苹果树休眠期修剪的时间？

果树修剪分为休眠期修剪和生长期修剪，不同时期修剪的作用不同。

休眠期的时间从苹果树秋季自然落叶到第二年发芽前。为防止剪口芽受冻，一般多在严冬过后（即发芽前 30 天左右）到发芽前修剪。在寒冬时，剪锯口最好涂上树腐康等保护剂以免受冻或风干，应先剪向阳坡和发芽早的品种，后剪背阴坡、发芽晚及不耐寒的品种。患有小叶病的苹果树，最好晚剪。

32. 如何掌握果树轻剪、中剪和重剪的标准？

修剪量可用剪掉枝芽的数量表示，依修剪量的大小可分为轻剪、中剪和重剪。盛果期苹果树冬剪去掉全树顶芽的 25%～30%，萌芽后顶芽数与剪前顶芽数基本相等为中剪；修剪量在 25% 以下，萌芽后顶芽数大于剪前顶芽数则为轻剪；修剪量在 35% 以上，萌芽后顶芽数小于剪前顶芽数时为重剪。

实践中根据丰产树顶芽总数标准决定修剪量。在结果大树顶芽总量不够时以中剪为主；顶芽总量过多时重剪，但不宜连续重剪。高产苹果园的总顶芽量在修剪后每亩应保留 6 万～8 万个，萌发后每亩可保持 9 万～11 万个。据此参数可以根据每亩株数计算单株修剪后应保留的顶芽数。

33. 如何正确整形修剪苹果树（修剪的作用、原则和依据）？

整形修剪可以调节果树与环境、果树器官的数量和质量、果树养分的吸收运转和分配、果树生长与结果等关系。

合理整形修剪的作用：①加速幼树扩展其树冠，增加枝量、提前结果、早期丰产，培养能够合理利用光能、获得高产、优质果实的树体结构；②维持盛果期树良好的树体结构，使生长和结果基本平衡，实现连年高产，延长盛果期；③使衰老树复壮，维持一定的产量。

整形修剪的基本原则：①因树而定、随枝作形；②统筹兼顾、长短结合；③以轻为主、轻重结合。其含义各表述如下：

因树而定、随枝作形——即在整形时既要有树形要求，又要根据各单株情况随枝就势成形；对每一树形应合理塑造其树体高度、树冠大小、总骨干枝数量、分布与从属关系、枝类的比例等；不同单株不必强求一致，以免修剪过重而抑制生长、延迟结果。

统筹兼顾、长短结合——指整形要兼顾结果与果树生长，既要有长期计划，又要有短安排；幼树既要整好形，又要有利于早结果，做到生长结果两不误；盛果期树要兼顾生长和结果，在高产稳产的基础上加强营养生长，延长盛果期并改善果实的品质。

以轻为主、轻重结合——指尽可能轻修剪以减少对果树整体的抑制作用；幼树适当轻剪、多留枝以利于扩大树冠、缓和树势，早结果、早丰产；同时必须按整形要求对各级骨干修剪，以培养牢固的骨架和各类枝组。轻剪必须在一定的生长势基础上进行。

整形修剪应以果树的树种和品种特性、树龄和长势、修剪反应、自然条件和栽培管理水平、花果数量等基本因素为依据，有针对性地实施。果树的不同种类和品种在萌芽抽枝、分枝角度、枝条硬度、结果枝类型、花芽特性、坐果率等方面的生物学特性差异大，因此，应根据树种、品种采取相应的修剪方法。

34. 怎样修剪富士系苹果树？

富士苹果幼树生长旺盛、生长期长，萌芽率和成枝力强，潜伏芽寿命长，更新容易；4～5年开始结果，多以中、长果枝结果；成龄树的树势稳健，多以中、短果枝结果，坐果率高，腋花芽有一定坐果能力。轻剪有利于缓和树势、增加产量、提高品质等级；短截过多易抽生旺条，推迟结果并降低果实品质等级。

幼树应开张角度，中心干上适当少留辅养枝，避免中心干过强。骨干枝的延长枝头应轻剪长留，少留梢并疏除竞争枝、内膛直立枝和徒长枝，缓放平斜中庸枝。健壮发育枝可用圈枝法抑制其生长，促生短枝结果。中长果枝结果后要及时回缩，避免枝组冗长。幼旺树应加强花前复剪以缓和树势。

成龄树以保持中庸树势和控制大小年为重点。结果枝组的培养以先缓后缩为主，使果实在树冠内均匀分布，以促使果实着色和果形正常。

盛果期果枝容易衰弱出现大小年现象，应及早更新复壮；要控制花芽率在 30%左右、果台留果 50%左右；选中心花留单果；枝果比保持在 5：1 左右，新梢生长量应保持 30～40 厘米。

富士果实只有在直射光下才能着色，要求盛果期中心干及时落头，降低树高，疏除过多的骨干枝和辅养枝，保持大枝稀疏状态，外围枝少留梢，回缩冗长枝组，以保证树冠内膛光照良好，保障果实质量。

35. 怎样修剪短枝型苹果树和乔砧密植苹果树？

短枝型苹果树如新红星等，幼树生长旺盛、直立紧凑、树冠小，适宜密植；萌芽率、成枝力较强。进入结果期后成枝力显著减弱，一般只在延长部位着生一个粗壮枝条，即使回缩短截也难抽生旺枝。基于上列特点，短枝型苹果树应在大量结果前将骨干枝培养好，而且要适当多留辅养枝以保证盛果期后枝量，维持相应的产量水平。短枝型品种可分别修剪成小冠疏层形（适用于成枝力极低的品种）或纺锤形（适用于成枝力稍高的品种）树形。短枝型品种成花容易，能较早进入结果期和盛果期，产量也较高，但容易出现"大小年"现象。因此，幼树期间应增加枝量，加速树冠扩增；大量结果后要严格控制花芽留存量并及时疏花疏果，保持适当的枝果比。

乔砧苹果树用控制树冠大小和促其早结果的办法密植栽培可以获得高产。冬季修剪时要轻剪长放，夏季修剪时要控旺促花；定植后第一年新梢生长量小时，可以短截以促发旺枝；第二年中心干延长枝留 40～50 厘米短截，其他枝梢缓放不截，适当疏除过密旺枝，留下的枝条拉枝压平，以促生短枝；3～4 年生树可环剥、环刻促花，利用结果来控制树冠再扩大；大量结果后，应及时疏除过密枝，回缩多年的冗长枝，培养结果枝组并及时更新结果枝。乔砧密植园苹果树整形时，要求骨干枝的级次要少，可在中心干上均匀分布较多的主枝（8～10 个），在主枝上直接着生结果枝组；盛果期后中心干要及时落头以控制树高，过长的主枝要及时回缩以控制冠幅，避免全园郁闭以保证较高产量水平。

36. 怎样修剪矮化砧和矮化中间砧苹果树？

矮化砧木或矮化中间砧木苹果树密植栽培时，结果早、树体大小容易控制。修剪时应根据不同砧木的生长势将其分为矮化、半矮化和半乔化几种类型并采取相应的策略。嫁接在 M9、M26 自根砧上或用 M9、M26 作中间砧的苹果树都会表现矮化；嫁接在 M7 自根砧上的苹果树会表现半矮化；嫁接在 MM106、M4 自根砧或用 M7 作中间砧的苹果树会表现为半乔化。除砧木的影响外，嫁接苗还受地上部品种生长势的影响，同样砧木的不同品种，其树体大小、生长势也有差别。

矮化型苹果幼树生长健壮，萌芽率和成枝力较强，新梢年生长量较大，但结果后枝量增加较慢。因此，在结果前就应形成基本骨架并具有一定的枝量。修剪时应以培养骨干枝、迅速扩大树冠和增加枝量为重点，不必急于结果。（3～4）米×（1～2）米的密植园应以细长纺锤形和纺锤形为主要树形，留主枝 20～30 个并均匀分布在中心干上；1～4 年生树主枝垂直角度以 85°～130°为宜，基本不短截，以缓放为主；4～5 年生树应完成整形过程，将树高控制在 3 米左右。大量结果后要注意疏花疏果和枝组的培养更新，以免大小年现象。

半矮化型苹果幼树生长势比矮化型旺，树冠较大、枝量较多。4 米×（2～3）米的密植园应以纺锤为主要树形，留主枝 10～15个并均匀分布在中心干上；不留侧枝，结果枝组着生在主枝上；树高控制在 3～5 米。结果前以培养骨干枝、扩大树冠和增加枝量为主；3～4 年生时应对辅养枝促花；5～7 年生时应对全树促花。骨干枝基本形成和快要达到预期树冠大小时即可停止新梢的短截；大量结果以后要及时修剪更新结果枝组和结果枝。

半乔化型苹果树的修剪基本与乔砧密植园相同,在树冠基本形成前就应控冠和促花。

37. 怎样修剪衰老期苹果树?

衰老期苹果树生长势显著减弱,新梢生长量很小,开花多结果少,内膛小枝组干枯死亡,结果部位明显外移,大小年表现明显,对修剪反应不敏感,剪锯伤口不易愈合。此时,树冠内易发生的徒长枝可供改造利用。

衰老树修剪的任务主要是更新复壮以延长结果年限。

根据衰弱程度,先更新2~3个主枝,即回缩到4~5年生枝上,再将其他主枝分期分批更新,以免大幅度减产。较弱的主枝可回缩到强壮的分枝上或利用背上的强壮枝组带头,抬高主枝角度。

中心干衰弱的果树,可利用徒长枝或直立壮枝带头;没有合适带头枝的可在其适宜部位截除,变成开心树形。

利用徒长枝更新复壮时,若作为骨干枝培养,可择其垂直角度小、长势强壮者改造并重点培养;若作为结果枝组培养,可择其垂直角度大、长势较缓者并注意向两侧拉开。

结果枝组要重回缩并精细修剪。原则是去平留直、去弱留强。

衰老树的更新修剪宜早不宜迟,有些苹果树从盛果后期就应局部更新并加强肥水管理,不宜在极度衰老时一次性全树更新,即只留几个极重回缩的大主枝。

38. 苹果树矮化密植栽培有什么优点?

果树矮化密植是采用人为措施将树体变矮、树冠缩小,早结果、早丰产的栽培模式。苹果矮化密植比乔砧稀植有以下优点:

(1)管理方便。由于树冠矮小,便于现代化灌溉、施肥、耕作和病虫防治,也便于修剪、采收、喷药等各项作业。

(2)易获得早期丰产。一般于栽后3年开始结果,4~5年丰产(乔砧稀植果树栽后6~7年才开始结果,10年以后进入盛果期)。

(3) 生产周期短，便于更新换代。由于其结果早，在约 20 年的较短生长周期中即可获得很高的经济效益，一旦品种落后便可马上更新（乔砧稀植苹果则结果晚，生长周期长，品种更新一般需 40 年左右）。

(4) 经济效益好。由于树体矮小、栽植密度大、树冠扩大快、果实成熟早且品质优，可经济利用土地、效益好。

(5) 有利于寒地果树生产。由于果园单位面积株数多、树冠矮小，又多为斜生、水平生下垂枝，株间树体连接成一道道屏障，不仅有利于防风，还可缩小昼夜温差，减少日烧、冻害和腐烂病。

39. 矮化苹果树的简化修剪技术有哪些特点？

(1) 树形一般采用自由纺锤形、纺锤形或细长纺锤形。其特点，一是应保持主干的绝对优势，分枝粗度与主枝粗度的比值一般不超过 0.5，超过 0.5 时应疏去或控制分枝的生长；二是主枝角度应为 80°左右；三是在 4 米×3 米的行距×株距条件下，一般每株树主枝数量为 10～15 个，在 3 米×2 米的行距×株距条件下，主枝数量为 20～30 个。

(2) 幼树至初果期修剪时每年主干上留 3～4 个主枝，主枝间隔 15 厘米左右。密度小的果园，第 1 层主枝可短截留 2 个较大的侧枝，其他主枝均直接着生结果枝组，单轴延伸成"轴式结果"。密度大的果园，主枝不短截，直接着生结果。同时用拉枝、拿枝等方法，调整主枝角度和方向；对辅养枝和各类枝组轻剪缓放并加以环剥或环刻，促进花芽形成。夏季采用环剥、扭梢等方法促生短枝，以利于结果。

(3) 盛果期修剪时继续维持主枝单轴延伸的优势。对妨碍主枝生长的大枝组应采取多次环剥等办法抑制其生长，促使其多结果；结果后转弱的枝组应疏去过密的或无价值的枝组以促复壮。

(4) 衰老期修剪时应多在壮芽处短截并多施肥水，以复壮树势，延长结果年限。经济效益差时应及时淘汰。

40. 密植苹果园在修剪方面有哪些主要问题？

近几年普及了苹果密植矮化栽培技术。果树整形已由过去的主干疏层形变为自由纺锤形或改良纺锤形或细长纺锤形，同时采用了轻剪缓放、拉枝、刻芽、开张角度、扭梢、拿枝以及环割等综合措施控制树势，促成了早结果早丰产，同时已使开始大量结果的树体走向密闭。

目前在密植苹果园整形修剪上普遍存在定干过低、主枝过多过粗、开角太小、留枝太密、疏枝太轻、更新太迟、同龄枝太多、轴差太小、枝组太长、枝量太多、树冠太高、冠间太挤、交叉太重、树势太虚等问题，制约着果园的适期结果和优质丰产目标的实现。

41. 郁闭苹果园的特点是什么？如何改造？

对 10 年生以上、每亩栽植 45 株以上的乔化富士系果园（嘎拉系、秦冠等其他品种或短枝富士、短枝红星类短枝型品种果园可参照），每亩留枝量在 8 万个以上、树冠覆盖率超过 80% 以上的应视为郁闭果园并重点改造。

郁闭果园改造应遵循 3 个基本原则：一是逐年分步实施，用 3～5 年改造到位，不能操之过急；二是因园、因树采取对应措施，不要"一刀切"；三是关键技术和配套措施相结合，在间伐、改形过程中要注意伤口保护、花果管理、土肥水管理等措施配套到位，保证改造效果。

郁闭果园改造完成后的要求：果树行间要保持 0.5 米以上的作业带，树冠透光率达到 30% 以上，保持良好的开心形树体结构，每亩产量保持在 2 000～3 000 千克，优质果率达到 80% 以上。即栽植密度 25～33 株/亩，树形为小冠开心形或大冠开心形，留枝量为 6 万～8 万个/亩，主枝数为 3～6 个，叶幕层厚度为 1.8～2.5 米，留果量为 10 000～12 000 个/亩。

郁闭果园改造的常用措施如下：

措施一，合理间伐，调减群体密度。即依据栽植密度、树龄、树冠大小等因素，乔化密植园采取的"一次性间伐"和"计划间伐"两种模式（多数成龄果园提倡采用"一次性间伐"模式）。①一次性间伐——对树龄15年生以上的盛果期果园或高密度果园（如株距×行距为2米×3米、2.5米×3.5米、2米×4米、3米×3米、2.5米×4米、2米×5米等）采取的"隔行挖行"或"隔株挖株"，使栽植密度降低一半的模式；多数郁闭果园在间伐5~8年后还需进行第二次间伐，最终使栽植密度保持在16~22株/亩为宜。②计划间伐——对树龄10~15年生的初盛果期果园或中密度果园（如株距×行距为3米×5米、3米×4米等）先确定隔行或隔株挖除计划，选留永久株与临时株分类修剪，3~4年后挖除临时株的模式；选留的永久株要扩大树冠，培养稳定的树体骨架结构和结果枝组；临时株则采用缩冠和疏除大枝等技术措施，给永久株"让路"，既不影响永久株生长，又可保持一定的结果量。

措施二，调减大枝，优化树体结构。间伐后果园的群体总枝量减少一半左右，修剪方式和修剪量也要相应地改变，一是修剪方式要改"控冠"为"扩冠"，改"短截、回缩修剪为主"成"缓放、疏除修剪为主"，按照"先乱后清"的原则，逐步调减主枝数量、调整树体结构；二是适当减少去除的枝量，冬季去除的枝量一般不宜超过全树总枝量的20%，尤其间伐当年要以轻剪、缓放为主，尽可能保持较多的留枝量，避免造成过多的减产。具体措施：①选用适宜树形——乔化树的树形是一个动态变化的过程，不同树龄阶段的树体结构应有所调整变化，一般遵循"因树修剪、随枝做形、有形不死、无形不乱"的基本原则，使间伐后果园的树形由主干形变为小冠开心形（一般要求有4~6个主枝、干高1.0~1.8米、树高3.5~4.0米、冠幅4.5~5.0米，树冠呈半椭圆形），再变为大冠开心形（主枝数量减少为2~3个，每个主枝上有2个侧枝，同时分布有一定数量单轴延伸的大型和中型结果枝组群，冠幅更大，叶幕层呈单层平面状且具有稳定"平面型"立体结果树形）。②抬干——这是针对多数密植园树干低矮、下部通风透光差采用的适当去除基部大枝、提升干高的修剪措施，要求遵循逐年分步实施的原则，最好在3～4年完成；对主干上离地面80～100厘米以内的主枝，通过回缩、变向、疏除等综合改造措施，逐步使主干高度抬升到100～120厘米，切忌一次同时去除2个对生枝或轮生枝而造成树干严重伤害。③落头——这是成龄乔化树大冠开心形培养与改造的基本手法，一般分2～3次完成，改造年限因树龄而定，树高最终控制在2.5～3.0米为好；树龄较小、树势较旺时，每次落头要轻、改造年限宜长，否则会形成大量冒条；最后一次落头要选留小主枝或留保护桩，以免上部枝干遭日烧。④疏大枝——按照目标树形要求选留永久性主枝，对树干中上部过多、过密的大枝，一般每年去除1～2个大枝（弱树1个，强树2个）。首先疏除轮生枝、对生枝和重叠枝，最终保留3～6个主枝。去除大枝时要按"去一留一"或"去一留二"的原则，以免同年在主干同一部位造成对口伤或并生伤口。⑤选留主枝的修剪——对选留的永久性主枝要轻剪以保持其生长优势，即以缓放修剪为主适量疏除，尽量少用短截或回缩手法，同时选留强旺枝作延长头以保持树冠扩张延伸。

措施三，缓放修剪，培养优化枝组。在培养高光效大冠开心形树体结构的基础上，培养大量单轴延伸的下垂状结果枝组或结果枝组群；改"短截、回缩修剪"为"缓放、疏除修剪"，同时配套应用开张角度、拉枝等技术。①长放结果枝组培养——改形后的结果枝组主要着生在主枝和侧枝两侧，由平斜生长的健壮营养枝连年缓放修剪培养而来，多为单轴延伸、结果后呈珠帘状下垂；培养过程中一般以大型和中型结果枝组或枝组群为主，小型结果枝组为辅，空间布局上以不交错、不重叠为原则，插空分布。②开张角度——主要开张主枝和侧枝的角度，改形过程中既要保持永久性主枝和其侧枝的生长优势，保证树冠扩张延伸，同时又要使平面叶幕层保持良好的光照条件，一般主枝及侧枝的基部垂直角度宜为60°～70°，腰部垂直角度宜为80°～90°，梢部垂直角度宜为40°～50°。③拉枝——用于垂直角度不够大的骨干枝（主枝、侧枝、辅养枝），也用于结果枝组以及平斜生长的缓放营养枝。一般情况下，对侧生的结果枝组及营养枝都应拉成自然下垂状。

配套措施：①伤口保护。改形过程中，对剪锯口尤其是大的伤口要及时包扎或施药保护以促进伤口愈合、减少腐烂病。②土肥水管理。实施了间伐、改形的果园，要加强肥水管理，促进树体生长和树冠恢复，同时提倡应用果园生草技术。③花果管理。中等管理水平果园，间伐当年的产量会减少 20％左右，加强疏花疏果、果实套袋、辅助授粉、适期采收等技术措施，提高果实商品质量与等级，可弥补一定的产量损失。

42. 苹果树"大小年现象"的成因是什么？如何克服？

大小年现象——即果树进入盛果期后"结果一年多一年少"的现象。它主要是由不正常的气候条件和不合理的栽培措所致。

气候条件中上年花芽分化期和当年花期气候条件适宜时，有利于花芽大量形成，又有利于授粉受精和坐果，这样就形成了"大年"；如果管理措施没跟上，"大年"之后的树体会由于树势变弱而成为"小年"；外界不良条件造成花芽和花受到干旱、低温等危害或花期授粉受精不良以及幼果大量脱落时，也会使相应年份成为"小年"。

不合理的栽培措施主要指管理粗放导致的根系发育不良、树势极度衰弱；病虫防治不及时导致的叶片严重损伤甚至早期大量落叶；修剪上长期轻剪缓放、忽视剪留适量预备枝，当花量大、结果多到树体超载时没有及时采取措施合理调控等，这些情形都可导致小年现象。

克服大小年现象的措施：①"大年"在保证当年产量的前提下适当疏花疏果以控制花果数量，使一部分营养用于促进花芽形成、防止树体早衰，为下年丰产奠定基础；"小年"应尽量保留花芽、提高坐果率、增大果个，使"小年"不"小"。②"大年"应在花后追氮肥并在施基肥时混入适量的磷肥和钾肥；"小年"于萌芽前、花后一周追速效性氮，花后喷 1％～3％的过磷酸钙，同时加强人工授粉和花期喷硼以提高坐果率；还要保证冬灌和萌芽前灌水。③
"大年"要控制花芽量，"小年"果枝要全部保留，营养枝要适当增
多，多短截少缓放，弱树弱枝加强回缩更新。

3.3 果园土壤和水分管理

43. 什么是土壤有机质？怎样增加土壤有机质含量？

土壤有机质是土壤的重要成分，泛指土壤中处于不同分解阶段
的各种动植物残体。它可供给植物矿质营养和有机营养，又是土壤
中某些微生物的能源，同时也是形成土壤结构的重要物质。其含量
与土壤的耐肥、保墒、保水、缓冲、耕作、通气、温度等性质有密
切关系，含量水平高时有利于土壤团粒结构的形成，也有利于植物
对养分的吸收。低产果园可通过下列途径增加土壤有机质含量以培
肥地力，高产果园也需要不断补充正常分解矿化的有机质。

增加土壤有机质含量的三大途径：①增施堆肥、沤肥、饼肥、
人畜粪肥、河湖泥和商品有机肥等。②秸秆还田，直接还田比施用
等量的沤肥效果更好。秸秆直接还田时应增施化学氮肥以免微生物
与作物争氮。③覆盖有机物料或生草，这样可为土壤提供丰富的有
机质和氮素，改善农业生态环境及土壤的理化性状。

44. 苹果树的最适土壤 pH 范围是多少？

苹果树对土壤 pH 的适应范围比较广泛，在 pH 5.3～8.2 范围
内均可以生长；最适宜的 pH 是 5.4～6.8。生产中可以通过施用
适宜的肥料种类使土壤 pH 逐步向最适范围改良，以利提高肥效，
促进苹果树的生长发育。

45. 新建果园怎样改良土壤？

新建果园提倡修建宽 2 米、高 20～30 厘米的高畦栽培果树。
同时结合高畦的修建每亩施用 2 000～3 000 千克有机肥并深翻，或
每亩施用 3 000 千克的农作物秸秆或者是杂草并配合施 120～140 千

克纯氮量的速效氮肥，将肥土拌匀、浇足水。

利用丘陵山地建园时，应在土壤开沟深翻的同时每亩施入2 000～3 000千克有机肥，或每亩施用3 000千克农作物秸秆或者杂草并配合施120～140千克纯氮量的速效氮肥，将肥土拌匀、浇足水。

定植沟一般挖深0.4～0.8米（台畦应浅些）、宽1～1.5米，使沟向按排水方向有一定的比降，开沟时应将生土和熟土分别放置。定植沟回填时应注意：①生土仍置于下面，熟土放在上面；②将厩肥、作物秸秆、树叶等有机肥料施入时与土壤混匀；③回填后要浇大水沉实。

46. 为什么在苹果园管理中要促进果树秋根生长？

在一年中，根系生长早期（从发芽前到春梢旺盛生长期）是营养根生长的主要时期，发根部位主要集中在树冠外围的土壤中，时间从3月上旬到5月上旬；中期（从春梢将近停长到花芽分化前）是营养根和吸收根混合生长时期，时间从6月下旬至7月中旬；后期（从秋梢接近停长到落叶后）是吸收根生长量大的时期，时间从8月下旬至10月中下旬。根据生长季可简单地将相应时期生长的根划分为春根、夏根和秋根。

根系生长因树势和树龄的不同而异。一般幼树根系生长量大，尤其是夏根量大；"大年"树夏根生长量小，"小年"树夏根生长量大；夏根大量生长有利于幼树快速扩冠，但不利于果树花芽分化和果实发育。春根、夏根和秋根三者之间有一定的制约关系，秋根生长量大时，春根生长量就大，夏根生长量就小；秋根长势差时，营养积累就少，春根生长量也会减少，继而导致春梢生长量不足；夏季雨水过多时夏根大量生长，也会出现秋梢旺长的现象而大量消耗营养。由于上列原因，在苹果园管理中要千方百计促进秋根和春根的生长而抑制夏根的生长。主要措施是秋季施足基肥并浇足水；开花前和幼果膨大期及时追肥浇水；夏季7～8月适当控制肥水供应。

47. 果园生草的优点与缺点、方法及注意事项是什么？

果园生草在国外已被普遍应用，国内也开始在有灌溉条件或土壤水分条件较好的果园应用。

生草的优点：和覆草一样能够防止土壤流失，增加土壤有机质含量，有利于土壤团粒结构形成，调节地温；可吸收果树果实生长后期土壤中过多的水分和养分，有助于花芽形成，促进果实着色和增加含糖量。

生草的缺点：果园生草需消耗土壤水分，在干旱时会与果树争水；生草会消耗土壤中的有效氮，在养分供应不足时与果树争肥。因此，需要加强生草后的果园水肥供应。

草种选择：草种应选择与苹果竞争水分和养分的能力弱，对果树郁闭程度低，产草量高，耐阴耐踏且不易感染病虫害的草种。包括毛叶苕子、百脉根、小冠花、苜蓿、草木樨以及扁茎黄芪等。

生草方式：①提倡带状生草模式。即采用行间生草，行内免耕或覆盖，免耕或覆盖的宽度为树冠垂直投影的宽度，这样做具有生草与免耕或覆盖的多重优点，将成为果园现代化管理的重要标志之一。②生草方式多用条播或撒播，在冬季不能越冬的地区可实行春播，反之以秋播为好（一般 3~4 月或 9 月在墒情好时播种）。禾本科草每亩播种量为 1.0~1.5 千克，豆科草每亩播种量为 1.5~2.0千克。③果园也可保留自然生草，即通过果园自然生长的各种草相互竞争和连续刈割，最后剩下适于当地自然条件的草种作为果园生草。这是一种节省投资、效果较好的生草方法。

果园生草管理：①生草初期消灭杂草，待草根扎深、绿色体大量增加后留茬高 8~10 厘米，全年割 4~6 次。②将割下的草覆盖在树盘或株间裸地。③生草前 3 年的早春应比清耕园增施 50% 的氮肥，其中开花前至 6 月中旬对果树喷布 0.5% 的尿素 3~4 次，以后在生草区施氮肥。④生草 5~7 年逐渐老化后，应及时翻压，经 1~2 年休闲后，再重新生草；以春季浅层翻压为宜，翻压前可先在草面小心喷布 150~200 倍的草甘膦，翻耕后的休闲期土壤中有效态氮素会增加，这时应减少或暂停施用氮肥。

48. 果园覆草的优点、方法、时间及管理措施是什么？

果园覆草的优点：①具有培肥、蓄水、抑杂草、免耕、防冻和改善土壤水、肥、气、热条件等作用，有利于土壤动物和微生物繁殖，促进土壤营养物质的分解、转化、积累和果树根系的吸收，是山丘旱薄地及盐碱地果园增加果品产量、提高果实品质的一项有效措施。②可将土壤水、肥、气、热、生物五大肥力因素不稳定的土壤表层变成生态最适稳定层，充分利用表层土壤的养分和水分，扩大根系集中分布层的范围，对底土为黏板、岩石或地下水位高的果园尤其有利。③可促进团粒结构形成，增加土壤有机质，提高土壤有效养分。覆草后随着草层腐烂分解，有机质含量增加、微生物活动旺盛、团粒结构增强、有效养分明显增加。④可防止土壤冲刷，利于水土保持。覆草后地面蒸发受抑，土壤水分保持较多，土壤团粒结构增强，也间接地保持了水分，从而保证了根系较长期处于稳定的土壤环境下，有利于树体的生长发育。⑤果园覆草还有抑制杂草生长，防止土壤泛盐，减轻落果碰伤，减轻桃小食心虫、蝉、腐烂病危害，减轻环境污染等作用。

果园覆草的方法：①覆盖材料可用作物秸秆、杂草、树叶、锯末等，使果园地面保持 15～20 厘米厚的草被。在草源充足的情况下，最好是全园覆盖，以便更好地发挥覆草作用。若草源不足，可只覆盖树盘。②土层浅的果园最好先深翻扩穴（深 60～80 厘米），再把地整平并于覆草后浇水。③土壤瘠薄的果园可先在树冠边缘处挖深 60～80 厘米的沟，每株施 20～50 千克草并施入人粪尿与土混匀后再覆草。④全园覆草第一年每亩 3000 千克左右，之后每年每亩再补充 800 千克。一般连覆 4 年后土壤有机质含量即可明显增加。

果园覆草的时间：一年四季都可，冬季覆草可防冻，春季覆草防干旱，夏季覆草腐烂快，秋季覆草可延迟落叶。

果园覆草后的管理：①覆草前施入少量氮肥。②覆草几年后的土壤含氮量显著增多时酌情减少氮肥用量。③覆草后盖少量土以防火灾和被风刮起。④低洼积水果园主干根茎20~30厘米内不能覆草，树盘要内高外低以免积涝致根茎腐烂。⑤一般果园的覆草不要翻入地下而任其腐烂。⑥叶片病虫危害严重的果园，落叶后要及时清理覆草，挖沟埋入地下。

49. 什么是"台畦双沟+覆盖生草"土壤管理模式和地膜覆盖土壤管理模式？

干旱少雨是制约黄土高原苹果园优质高产与可持续发展的主要因素之一。这里年降水量430~560毫米，并且年际和月际间分布不均，冬春季节常有的持续干旱不利于苹果树发挥应有生产潜力。因此，在黄土高原苹果产区搞好冬春季果园集雨保墒工作是果园全年土壤水分管理的重中之重，"台畦双沟+覆盖生草"土壤管理模式和地膜覆盖土壤管理模式在这一区域具有其明显的适用性。

"台畦双沟+覆盖生草"土壤管理模式就是将台畦双沟和覆盖生草结合在一起的土壤管理模式。其中的台畦双沟即以树行为中心，距树行1米左右起成台畦，从树行两边形成约2米宽并且高于行间地面20~30厘米的树盘，同时在台畦中间沿树行打一畦背的模式；覆盖生草即在台畦上覆盖、在行间生草的模式。这样既能增加树盘熟土的厚度，又能在雨季及时排涝、旱天沟灌节水；既能创造良好稳定的根际环境，又能防止根系温度与湿度变幅过大。

地膜覆盖土壤管理模式的作业步骤及其注意事项如下：

（1）覆膜时间。一般有秋末冬初覆膜和春季顶凌覆膜两个时间点。秋末冬初覆膜在果园秋施基肥后实施，春季顶凌覆膜在土壤5厘米厚的表土解冻后实施。冬季暖和、冻土层浅、风大的果园在秋末冬初覆膜为好；反之，以春季顶凌覆膜为好。

（2）地膜选择。①要选择厚度0.008毫米以上、质地均匀、膜面光亮、揉弹性强的黑色地膜。这种地膜可抑制杂草、延长地膜使用期，土温变幅小，不影响萌芽开花物候期。②地膜的宽度应是树冠最大枝展的70%~80%，这样可以覆盖果树吸收根系的主要集中区域。2~3年龄的幼树地膜宽度要求1米，4年以上的初果期树选择 1～1.2 米的地膜，盛果期树选择 1.4～1.5 米的地膜。

（3）覆膜方法。覆膜前先沿行向树盘起垄，垄面以树干为中线，中间高，两边低，形成"⌒"形，垄面高差 10～15 厘米；起垄时先在树盘两侧划两道直线，与树干的距离小于地膜宽度 5 厘米，然后将外侧集雨沟内和行间的土壤打碎后按要求坡度起垄，树干周围 3～5 厘米处不埋土；垄面起好后，用铁锨打碎土块、平整垄面、拍实土壤，经 3～5 天待垄面土壤沉实后再作精细修整，随即覆膜；覆膜时树盘两侧同时进行，要求把地膜拉紧、拉直、无皱纹、紧贴垄面；垄中央两侧地膜边缘以衔接为度，用细土压实；垄两侧地膜边缘埋入土中约 5 厘米。

（4）开挖集雨沟。地膜覆好后，在垄面两侧距离地膜边缘 3 厘米处沿行向开挖修整深、宽各 30 厘米的集雨沟，要求沟底平直，便于雨水均匀分布；园内地势不平、集雨沟较长时，可每隔 2～3 株间距在集雨沟内修一横堤。

（5）集雨沟内和行间覆草。在集雨沟内覆盖小麦或玉米等作物秸秆，覆盖厚度以高出地面 10 厘米为好；草源丰富时最好将整个空白树行间全部覆盖，厚度 15 厘米为宜，这样保墒效果更加突出。树行间覆草后，立即用轻便碌碡将覆草滚碾压实，然后给草层喷布 5%尿素，全年喷布 2～3 次以加快覆草腐化。另外，要在覆草表面撒一层 2 厘米厚的细土以防火灾。

（6）保护地膜。①严禁家畜等足蹄锋利的动物到地膜上行走，人在田间作业时不穿高跟鞋，疏花疏果和套袋时梯子底部用费旧鞋底绑扎。如果膜面上发现破洞，立即用细土封闭压实，以免大风灌入撕破地膜，在塬面风大的果园更应随时检查膜面。②"高垄覆膜"既能集雨又能保墒，"水平覆膜"则只能保墒而不能集雨。

50. 水分对苹果树有何作用？改善水分供应有哪些途径？

水分对苹果树的作用：作为果树重要组成部分，苹果树枝叶中含水量占 75%，果实中含水量占 85%～90%；可通过蒸腾作用调节体温以适应气温变化及生态环境；作为光合作用基本原料，又是营养物质的重要溶剂，矿质营养必须溶解在水中才能被果树吸收。总之，水分是果树正常生命活动不可缺少的要素和组成部分。

改善水分供应的途径：①保水节流，即通过改良土壤和合理耕作改善土壤结构，增强土壤吸水和保水能力；通过及时松土和覆盖保墒减少地面蒸发；通过山地和坡地水土保持工作，建立沙地防风固沙林带以增强土地保水效果，相应增强抗旱能力；利用雨季蓄水和冬季积雪等调节旱季小气候并用于局部灌溉。②开源灌溉，即开辟水源、合理灌溉、蓄积雨季排水，采用排蓄结合的措施充分满足果树需要。

51. 果园灌溉有哪些方法？什么是水肥一体化技术？

果园的灌溉方法：提倡采用滴灌、微喷灌、小沟交替灌溉和水肥一体化等节水灌溉技术，逐步弃用大水漫灌方法。

水肥一体化技术：这是将灌溉与施肥融为一体的农业新技术，又称为灌溉施肥。它是借助压力灌溉系统将肥料配对成肥液，在灌溉的同时将肥料输送到作物根部土壤，适时适量地满足作物对水分和养分需求的一种现代节水节肥农业新技术。

3.4 果园高产高效施肥

52. 苹果树生长需要的主要矿质元素及其功能是什么？

苹果树正常生长需要的营养元素中除氧、氢、碳主要来自空气和水之外，其他均主要来源于土壤和肥料，因此，为保证苹果必要的营养供应，必须合理施肥。苹果需要从土壤和肥料中吸收的主要营养元素及其功能为：①氮，构成苹果树体细胞中蛋白质的主要成分；氮肥充足时，新梢生长旺盛、叶大而色浓绿、果实个大，产量高并能维持壮健的树势。②磷，构成细胞核、维生素等生命活动物质的组成部分，能促进细胞分裂、增强果树的生命力、促进组织成熟与花芽的形成，还可促进果树对氮肥的吸收；适量施用磷肥，能够促进果实的成熟，提高果品质量和果实含糖量水平，有利于种子形成和发育。③钾，可促进光合作用并促使果树把叶片中制造的糖迅速转运到其他器官中去；适量施用钾肥有利于果实膨大、提高果实品质、增强果实的耐贮性，增强苹果树的抗寒、抗旱和抗病能力，也可减少腐烂病。④钙，在果树体内起着平衡生理活动的作用，可以增加果实的硬度，避免果实在贮藏期发生生理病害，延长果实的保存期；适量施钙，可以保障苹果树正常的营养生长、减弱果实的呼吸强度，还可防止苹果采后黑痘病。⑤镁，构成叶绿素的主要组成部分，可促进碳水化合物的代谢并参与部分含磷化合物的合成，促进磷的吸收、同化和运转；一部分镁和果胶结合后，对果实膨大、提高果实品质水平有利。⑥铁，需要量很少但对叶绿素的形成起重要作用；苹果树缺铁，一般表现叶脉间变黄或黄白色，叶脉一般仍保持绿色，症状先在幼叶表现，严重时叶片可变成黄色，导致树势衰弱甚至死亡；酸性土壤和碱性土壤上都易缺铁。⑦硼，需要量很少但不可或缺，有助于叶绿素的形成，有利于碳水化合物的转运、花粉发芽和花粉管生长，能提高坐果率，也能增强根系的吸收能力，促进根系发育；缺硼时，果实组织会坏死呈畸形果。⑧锌，需要量也很少，主要促使苹果树体内生理平衡，保障果树对氮的吸收与蛋白质和生长素的合成；缺锌时，苹果新生叶片变小、变窄，节间缩短（通常称为小叶病），严重时可使植株死亡。

53. 钙在苹果生产中的作用是什么？

研究资料表明，钙元素主要靠植物的蒸腾拉力吸收和运输，本身移动性差，因此，向土壤施入的钙肥很难满足果树生长旺盛期的需求，叶面喷施的钙多集中在套袋前幼果期使用。由于大部分品种的钙肥只有喷施到果面上才能被果实吸收利用，套袋前通过土施和叶喷方式补充的钙往往不能满足果实实际需要量。

苦痘病、痘斑病等生理性病害主要病斑在果皮上，就是由苹果果皮缺钙引起的。幼果期缺钙时多易发苦痘病。果实膨大期缺钙时易发痘斑病。苹果套袋后果皮的钙含量显著少于不套袋苹果，因此必须在套袋时给果实喷施钙肥，否则容易得苦痘病和痘斑病。

54. 怎样防治苹果树缺锌、缺铁、缺硼和缺钙症？

苹果常见的缺素症有缺锌的小叶病、缺铁的黄叶病、缺硼的缩果病和缺钙的苦痘病。

缺锌症的防治：苹果树缺锌后，新梢顶部叶片狭小或枝条纤细、节间短、小叶密集丛生且质厚而脆（即"小叶病"），严重时叶片从新梢基部向上依次逐渐脱落，果实小、畸形，树体衰弱。瘠薄山地、沙地和盐碱地缺锌现象比较普遍，土壤过度干旱或浇水频繁、伤根多、重剪及重茬时会加重其症状；施磷过量、施氮多时会导致缺锌；硝态氮有利于锌的吸收，铵态氮不利于锌的吸收，钾和钙过量时不利于锌的吸收，碱性土壤易使锌盐成为不溶态而不能利用。因此，增加土壤有机质含量和土壤含锌量，增强土壤保肥、保水能力，降低土壤 pH 是矫正缺锌症的最根本措施。在增施有机肥的基础上，易缺锌的地区建园前向每栽植穴中掺入 100～150 克硫酸锌，作用可持续 3～5 年。缺锌果园每年秋施基肥时每株混入 0.5 千克硫酸锌，萌芽前喷布 3％～4％硫酸锌，对于矫正小叶病效果最好，但喷布机油乳剂前后 3 天内和低温时不可喷布硫酸锌以免药害。坐果后喷施会导致果实褐斑。有小叶病的果园即使不出现明显的缺素症状，也要在每年早春萌芽前喷布 1％～2％硫酸锌，秋季采收后到落叶前喷布 0.5％硫酸锌，缺锌症状不明显时可只在早春萌芽前喷布。

缺铁症的防治：我国土壤一般含铁量较丰富，但盐碱地区常因土壤碱性而限制了铁的吸收利用。铁素不足时会妨碍叶绿素的正常合成，导致新梢顶部幼嫩叶片上的失绿症，而且常造成梢尖焦枯；缺镁也会引起叶片黄化，但缺镁黄化叶多发生于老叶上，而且大多是叶脉间的叶肉上，呈黄绿相间的症状；严重缺铁时新梢上部叶片除中脉和主脉外，全变成黄绿色或黄白色。苹果以山荆子为砧木时缺铁症最重，以海棠为砧木时缺铁症最轻。防治缺铁症最根本的措施是增加土壤有机质含量，减小土壤 pH。缺铁黄叶病发生后，可每隔 10～15 天向叶面喷布 0.3%～0.5% 的硫酸亚铁、或 0.05%～0.1% 的柠檬酸铁、或 0.5% 的黄腐酸二胺铁液；还可结合穴贮肥水，在每个树冠边缘土地上向里挖直径 30～40 厘米、深 40 厘米的土穴 4～5 个，将粉碎好的硫酸亚铁（每株 1～4 千克，依树体大小而定）与有机肥以 1：5 比例混匀填入穴中，有条件的再加一些酸性酒糟效果更显著。

缺硼症的防治：果园缺硼表现为落蕾、落果、形成猴头果、果皮木栓化、果心软木化，或在果皮上布满小型黄褐色或黑色斑点，还会在枝、茎上表现为顶芽死亡、扫帚枝、龙须枝、枯梢、肿枝及粗皮等症状，同时在叶片上表现为比正常叶片较小的簇叶。如果枝条先端为缺锌的小叶病，缺硼则在缺锌的下部，其叶片比缺锌的更大、更绿，缺硼与缺锌往往同时发生。果园缺硼时每株施硼砂 150～250 克，与土粪拌匀于休眠期施入土壤浅层；生长季出现缺硼症后，可叶面喷 0.2%～0.5% 的硼砂，其中花期前后每隔 10～15 天连续喷 2～3 次，采果后或第二年早春喷布也有较好效果。5 月份以后到采收前喷硼会减弱苹果耐贮性，因此在缺硼不严重时可等到采收以后再喷施。

缺钙症的防治：缺钙时树体细胞结构松弛，根尖和茎尖分生组织及枝条生长变缓，木质不坚固，果实耐贮性弱；易引起苹果苦痘症、水心病；新根生长不良并生而复死形成扫帚根。有些红富士苹果套袋后在果实萼洼处、胴部表现出许多针点大小的缺钙病斑，而在同株树上不套袋的果实不表现症状，因此，套袋果园更应在前期和套袋时喷施钙肥；钙主要在花后 4～5 周内吸收并在果实中积累，所以土壤追肥施钙必须在花后 4～5 周内进行。另外，在果实发育后期，每隔 20 天连续 3～5 次喷布 0.5%～1% 的氯化钙也可增加果实钙含量。由于钙在树体内不易运输，所以喷布时要直接喷到果实上。

55. 果树在生长期对矿质养分的利用和积累有何特点？

果树周年生命活动中有最明显的两个阶段，即休眠期和生长期。

生长期对养分利用和积累的特点：①萌芽、开花、坐果期，以利用贮藏营养为主。②新梢速长期以利用当年同化营养为主。③花芽分化和果实旺长期，有部分营养积累。④果实成熟、贮藏养分积蓄期，生长结束，积累营养为主。

以上这些时期不是截然分开而是交错的，与根系生长也有密切关系。

56. 优质高产果园怎样施肥（施肥的量、配方、方法及时间）？

（1）施足肥让果树"吃饱"。根据果园产量或单株产量确定施肥量。每亩产量2 500千克以内，总施肥量（按优质商品有机肥和氮磷钾含量40%以上复合肥推算）为产量的8%；每亩产量4 000千克左右，总施肥量为产量的10%；每亩产量5 000千克以上，总施肥量为产量的12%以上。

（2）平衡养分施肥，让果树"吃好"。增施有机肥、控氮、降磷、增钾，补充微量元素，是果园管理总的指导方针。①过旺树（树上有很多1米以上的长条，果台副梢≥25厘米）施有机肥与氮磷钾肥比例为8～9∶1，加化肥总用量1/10的微量元素肥料。②旺树（有几根1米左右，也有许多60～80厘米的长条，25厘米>果台副梢≥20厘米）施有机肥与氮磷钾肥比例为6～7∶1，加化肥总用量1/10的微量元素肥料。③中庸树（20厘米>果台副梢≥10厘米）施有机肥与氮磷钾肥比例为3～4∶1，加化肥总用量1/10的微量元素肥料。④偏弱树（果台副梢<10厘米或无副梢）施有机肥与氮磷钾肥比例为2∶1，加化肥总用量1/10的微量元素肥料。

（3）开沟深施基肥。这样能优化土壤结构，促进根系生长，增加吸收根数量，增强根系对养分的吸收能力，促使树势健壮。

（4）施肥时间。①秋季施基肥（9月中旬至10月底），将有机肥一次性施入，将化肥总量的60%与有机肥一同施用，其余40%

的化肥在来年苹果套袋后作追肥施用。②秋季没施肥的果园，3月上旬根系第一个生长高峰期追施适量的复合肥。③6月至7月中旬春梢停长时的根系生长第二高峰期，弱树、中庸树追施肥料的方法和用量可与秋季施基肥相同，旺树和过旺树则只追施磷钾肥和有机肥。④8月中旬至9月份根据降雨等天气情况追施钾含量高而且养分全面的复合肥，以促进花芽分化、果实膨大、着色。

57. 苹果后期施肥有什么作用？

后期（7～9月份）施肥是针对大树果多、树弱的情况采取的措施，幼、旺树应尽量避免后期追肥。其作用①弥补结果过多对养分和贮藏营养的消耗；②增施磷、钾肥可提高果实品质，有利于花芽分化，减少采前落果；③增强秋季叶片活性，增加树体内贮藏营养。

58. 为什么要强调果园多施有机肥？怎样施用有机肥？

有机肥比化肥有其独有特点。①有机肥营养成分比较全、肥效稳而长，而无机肥多数营养成分单一，长期使用不能满足果树对多种矿质营养的同时需要；商品有机肥经过加工，一般含有机质30％左右，也含有微量元素和生物菌等，能全面、平衡供给营养。②施用有机肥利于增加土壤有机质、利于维持土壤的团粒结构、可增强对盐基的吸收能力，利于盐碱地改良；同时可增强土壤缓冲性，减缓土壤养分浓度的剧烈变化。③施用有机肥利于土壤微生物活动和繁殖。

我国多数苹果园分布在山地、丘陵地和沙滩地上，果园土层薄、养分不均衡、有机质含量少、保水保肥能力弱，不利于果树生长和优质丰产，施用有机肥除可提供果树必需的氮、磷、钾、钙、镁、锌、硼、铁等养分外，还可增加果园土壤有机质含量，增强土壤透气性，增强果园土壤保肥、供肥的能力，促进根系生长发育，促进化肥的高效利用。

有机肥的推荐施用量、施用时间和方法：①有机肥主要包括农家肥、生物有机肥、豆饼、鱼腥肥等。农家肥用量采用"能产 1 斤①果就施 1 斤肥"的原则，生物有机肥、豆饼、鱼腥肥等可以减少 1/3 或一半。②有机肥的施肥时期以秋季即中熟品种采收后、晚熟品种采收前最佳，一般为 9 月下旬至 10 月上旬。③有机肥施用方法一般结合秋季深翻或采用环沟、条沟法。

59. 何时施基肥效果最好？施基肥有几种方法？

养分含量比较全面的有机肥作基肥施入土壤后需一段时间腐烂分解才能供根系吸收，所以施肥时间在我国北方地区一般分为秋季和春季，以秋施最好。

秋施基肥于 9 月中旬至 10 月底进行，晚熟品种采收后应及时施肥，越早越好。秋季土温较高、含水量多，伤根易愈合并可产生新根，同时微生物活动旺盛，有机质有充分分解时间，有利于果树吸收和积累养分。

春施基肥在春季土壤解冻后进行。由于肥效发挥较慢，到后期才能被利用，常造成秋季二次生长。

一般施基肥多采用下述方法：①环状、半环状沟施。多用于幼树、初果期树。②条沟施肥。可逐行、隔行挖沟，结合深翻进行。③放射沟施。多用于成龄树。④全园撒施。容易引根系上浮，故应与其他施肥法交替用。

60. 果树落叶可否作基肥？

落叶可以作基肥，而且是补充基肥不足的一个好方法。其主要作用：①挖沟掩埋落叶，能增加土壤通透性。②增加土壤营养贮备，每 50 千克苹果叶中含氮相当于 2.6 千克尿素、含磷相当于含量 14% 磷肥 1.6 千克、含钾相当于 5% 的草木灰 16 千克。③清除落叶杂草，可减少来年病虫害。④促根系发育，根量和新根数量显著增加。

---

① 斤为非法定计量单位，1 斤＝0.5 千克。

61. 秋季施肥增产的原因是什么?

(1) 果树从早春萌芽到开花坐果这段时间消耗的养分主要是上一年树体内贮存的养分,但果树当年采收后树体处于营养匮乏状态;果实采收后到落叶前这段时间,树体没有明显的生长中心,因此,秋季施肥可向树体补充大量的营养物质,有效提高果树花芽质量,为次年生产优质大果奠定基础。

(2) 秋季比春季气温和地温都高,适宜微生物的繁殖,利于有机肥分解,可有效提高有机肥的利用率;春季气温低、肥效缓慢,这段时间施肥等到发挥肥效后,往往处于果树营养生长期,会促使树体旺长而不利于果实生长。因此,秋季施肥能让果农如愿以偿地解决相应的问题。

(3) 秋季施肥特别是增施有机肥可以增加土壤的空隙,有利于果园保墒蓄水,防冬春干旱,还可以提高地温,防止果树根部冻伤。

(4) 秋季根系处于生长高峰期,施肥时被损伤的树根能很快愈合并能发出大量新生根,有利于果树营养吸收和生长。

62. 什么是根外追肥? 根外追肥有哪些优点?

根外追肥:也叫叶面喷肥,这是供植物吸收营养的一种补充方法,可弥补根系吸收养分的不足。由于叶面施肥用量有限,一般不能代替土壤施肥。

根外追肥的优点:①可避免土壤因素的干扰,肥效快,能够迅速提供亏缺养分、纠正缺素症状。用3%~5%硫酸锌在早春喷枝干或用有机螯合锌在生长期叶面喷施,7~10天可迅速消除缺锌症状。②根系发育不良、树体吸收能力差时,根外追肥可弥补根系吸收养分能力的不足。③果实发育期间叶面喷肥可以提供更多营养,增加果实产量,改善果品质量。④省肥,减少生产成本。

63. 为什么强调落叶前叶面喷施高浓度尿素？如何进行？

苹果树春季的萌芽、开花、坐果、新梢生长、幼果膨大以及根系生长等主要依靠树体的贮藏养分，贮藏营养数量不足首先会导致花芽发育不良、坐果率下降、幼果膨大减缓、产量和品质水平下降；贮藏营养数量不足和分配不合理也会导致春梢生长不良、秋梢生长过旺、花芽分化不够，来年产量和品质不佳，从而形成恶性循环，限制苹果的高产高效。

苹果贮藏营养数量不足的主要原因，一是许多果农不重视秋季施肥，苹果价格不好的年份，秋季施肥的果农仅占 20%～30%；二是秋季养分回流不及时，如黄土高原产区北部的陕北、晋北等区域冬季突然降温，叶片养分来不及回流；三是早期落叶病阻断了叶片养分回流。

在落叶前喷施高浓度尿素可以促进养分回流、增加贮藏养分，所以要强调这一措施的实施。叶面喷施尿素的浓度一般为 3%～5%，喷施时间大致在 10 月底至 11 月中旬，一般在果树落叶前 15 天进行，主要对叶背喷雾。在弱树、老树和结果多的大树上喷施，效果更好。

64. "大年"树怎样施肥？

"大年"树挂果多、消耗树体的营养物质多，花芽分化晚、分化速度慢，花芽形成少。因此，应在花芽分化前追施适量的速效氮肥以促进花芽分化、增加花芽数量，同时要在花后追施足够氮肥以保证当年开花、坐果、果实生长发育，还要在当年秋天施含适量磷肥和钾肥的基肥以增加来年（"小年"）的产量。

65. 旺树、弱树及不同龄果树的施肥特点是什么？

旺树施肥的特点：①施肥时间上采用前期施肥促春梢而控秋梢，或秋梢停长后施肥，或早施基肥并深翻断根。②施肥量上应少施或暂不施。③施肥品种上以磷、钾肥为主，控制氮肥。④施肥方法上应深施基肥，加强根外追肥，避免早春施氮肥。

弱树施肥特点：与旺树相反，应早施、多施、深施有机肥和氮肥作基肥，多用地面追肥和根外追肥，以加强营养生长，恢复树势。必须在早春追施氮肥。

不同龄果树的施肥特点：①幼旺树成花少，要控制氮肥，多施磷、钾肥，施肥位置和深度要逐年扩大和加深。②初果期至盛果期果树生长渐缓，果量渐增，在施磷、钾肥的基础上应适当增加氮肥，加强深翻，放好树窝子。③盛果期至衰老期结果与生长平衡或结果过多，要着重促进前期生长，基肥要早施、多施、深施；土壤追肥要多次、足量并增加喷肥次数；逐渐增加氮肥比例，结合灌水，促进壮树、高产。

66. 什么是肥害？哪些肥料易产生肥害？怎样预防肥害？

果树肥害：一般是指因施肥不当导致的树体某些部位灼伤或者损害。生产中常见的肥害，一是根外追肥时肥液浓度过高导致的叶片焦灼、干枯现象；二是过多或过于集中使用尿素、氨水等化学肥料导致的根系烧伤，继而伤及主根基部、主干及枝梢，甚至造成大枝或整株死亡；三是土壤施肥时由于肥料集中或肥块大，施肥后没有及时浇水造成的根系烧伤；四是所施肥料氯离子超标造成的肥害。

易致肥害的肥料及施用方法：①往土壤中大量施用含氯的氯化铵、氯化钾等化肥时易导致氯离子过量对根系的毒害。②化肥施用过多、过于集中时，从根系灼伤开始，会逐渐蔓延到主干、主枝并沿木质部出现带状紫线，树皮干枯凹陷，严重时引起大枝或整株死亡。③集中施用未经发酵的鲜禽畜粪或有机肥粪块过大时，易造成树根灼伤。

预防肥害：①根外追肥要选择适宜的肥料种类，在喷洒前一定先试验并严格掌握施用浓度，喷施要均匀。②冲施肥一定要用水冲化或者随水施用。③地下施肥时应将肥料与土拌匀并及时灌水，不使用未腐熟的人畜鲜粪，雨季高温多雨时追肥要少量多次。

67. 什么是测土配方施肥，测土配方施肥的意义？

测土配方施肥的含义：以土壤测试和肥料田间试验为基础，根据作物需肥规律、土壤供肥性能和肥料效应，在合理施用有机肥料的基础上，提出氮、磷、钾及中量、微量元素等肥料的施用数量、施肥时期和施用方法的活动。通俗地讲，就是在农业科技人员指导下科学施用配方肥。

测土配方施肥的意义：①可增加作物产量，保证粮食生产安全。通过土壤养分测定，根据作物养分需求规律确定施用肥料的种类、时间和用量，继而不断改善土壤营养状况，使作物获得持续稳定的增产。②可减少农业生产成本，增加农民收入。肥料在农业生产资料的投入中约占50%，但是施入土壤中的化肥大部分不能被作物吸收而在土壤中挥发、淋溶或被土壤固定。因此，提高肥料利用率，减少肥料的浪费，对增加农业生产效益至关重要。③可节约资源，保证农业可持续发展。采用测土配方施肥技术提高肥料的利用率，是构建节约型社会的具体体现。据有关资料测算，如果全国氮肥利用率增加10%，则可节约2.5亿米^{3}的天然气或375万吨的原煤，这在能源和资源极其紧缺的时代具有非常重要的现实意义。④可减少污染，保护农业生态环境。不合理的施肥会造成肥料的大量浪费，继而造成对生态环境的破坏。因此，科学施肥、使土壤中的肥料养分尽可能被作物吸收、减少在环境中的滞留，对保护农业生态环境是非常有益的。

68. 测土配方施肥为什么要取样测土？

土壤肥力是决定产量的基础，作物生长发育所需要的养分40%～80%来自于土壤；土壤受气候、成土母质、地形、种植制度等因素的影响，种类十分复杂，不同区域、不同种类土壤之间养分差异比较大，肥料的相应增产效果及肥料品种的搭配要求也各不相同。因此，必须通过取样分析土壤中各种养分的含量，才能判断不同土壤种类、不同生产区域土壤中不同养分的供应能力，为测土配方施肥提供基础依据。

69. 测土配方施肥中土壤样品采集有哪些技术要求？

土壤样品应具有代表性并根据不同分析项目要求选用相应的采样和处理方法。具体要求：①采样单元，采样前要详细了解采样地区的土壤种类、肥力等级和地形等因素，将其划分为若干个采样单元，每个采样单元的土壤要尽可能均匀一致并采一个多点混合样，平均每个采样单元为100亩（丘陵区、大田园艺作物为30～80亩）；为便于田间示范追踪和施肥分区，采样的典型地块应集中在每个采样单元相对中心位置，面积为1～10亩。②采样时间，一般作物在收获后或播种施肥前（多在秋后）采集，果树在果实采收后的施肥前采集。③采样周期，同一采样单元，无机氮每季或每年采集土壤样品分析诊断1次或进行植株氮营养快速诊断1次；土壤有效磷、速效钾2～3年，中量、微量元素3～5年采集土壤样品分析诊断1次。④采样点定位，采样点要用定位仪器测量记录经纬度到0.1"。⑤采样深度，一般为果树根系集中分布的0～60厘米土层，为比较和了解不同土层的养分差异，多按0～20厘米、20～40厘米、40～60厘米分层取样，把同一取样单元的同一土层样品混合为一个代表样品。⑥采样点数量，要保证足够的采样点，使之能代表本采样单元的土壤特性。每个样品采样点的数量取决于采样单元的大小、土壤肥力的一致性等，一般以7～20个点为宜。⑦采样路线，采样时应沿着一定的路线，按照"随机""等量"和"多点混合"的原则采样；一般采用S形布点采取，这样能够较好地克服耕作、施肥等所造成的误差；在地形变化小、地力较均匀、采样单元面积较小的情况下，也可采用梅花形布点取样，但要避开路边、田埂、沟边、肥堆等特殊部位。⑧采样方法，每个采样点的取土深度及采样量应均匀一致，土样上层与下层的比例要相同。取样器应垂直于地面入土，深度相同；用取土铲取样应先铲出一个耕层断面，再平行于断面下铲取土样；测定微量元素的样品必须用不锈钢取土器采样。⑨样品量，一个混合土样以取土 1 千克左右为宜（用于推荐施肥的 0.5 千克，用于试验研究的 2 千克），如果一个混合样品的土量太大，可用四分法（将采集的土壤样品放在盘子里或塑料布上弄碎、混匀，铺成四方形；划对角线将土样分成四份，把对角的两份分别合并成一份，保留一份，将多余的一份土壤弃去）；如果所得的样品依然很多，可再用四分法处理，直至所需数量为止。⑩样品标记，采集的样品放入统一的样品袋，用铅笔写好标签，内外各一张。

70. 测土配方施肥为什么要强调施用有机肥？

测土配方施肥技术的核心是调节和解决作物需肥与土壤供肥之间的矛盾。有机肥含有氮、磷、钾和多种中量及微量营养元素，在培肥改土方面有着化肥不可替代的作用；增施有机肥料可以增加土壤有机质含量，改善土壤性状，提高土壤保水保肥供肥能力，提高化肥利用率。因此，实施测土配方施肥必须以配合施有机肥料为基础。

71. 什么是配方肥料？测土配方施肥如何实现增产增收？

配方肥料：指以土壤测试和田间试验为基础，根据作物需肥规律、土壤供肥性能和肥料效应，以各种单质化肥或复混肥料为原料，采用掺混或造粒工艺制成的适合于特定区域、特定作物的肥料。

测土配方施肥之所以能实现增产增收：①可通过调肥增产增效，在不增加化肥投资的情况下，通过调整氮、磷、钾的施用比例，起到增产增收的作用。②可通过减肥增产增效，由于一些农户缺乏科学施肥技术，往往以过高施肥量换取高产，而通过测土方施肥技术适当减少某一单质肥料的用量也能实现增产或平产的效果，达到增效的目的。③可通过增肥增产增效，对化肥用量水平很低或单一施用某种养分肥料的地区或地块，合理增加肥料用量或配施某一养分肥料，可使作物大幅度增产，从而实现增效。

72. 有机肥料有哪些种类？

长期以来，人们把有机肥称为农家肥料。随着社会经济的发展，大部分有机肥料已被商品化了。有机肥可大致分为动物性有机肥料、植物性有机肥料和无害化处理过的城市生活与工业有机废弃物等三大类。其中①动物性有机肥料包括人粪、畜粪、禽粪、骨粉、蹄角皮毛废弃物等；②植物性有机肥料包括秸秆、绿肥、泥炭、饼肥、堆沤肥、沼气肥等；③无害化处理过的城市生活与工业废弃有机物包括无害化处理过的生活垃圾、生活污水、污水处理厂的污泥等。

73. 商品有机肥料的含义、主要种类和优点是什么？

商品有机肥是以畜禽粪便、作物秸秆和有关工业有机废弃物为主要原料，经高温发酵、腐熟、除臭等无害化处理后，按照国家标准制成的有机肥料；其中氮、磷、钾总养分大于 4%，有机质含量大于 30%；它适用于水稻、小麦、玉米、油菜等大田作物，更适用于蔬菜、瓜果、林果、花卉等园艺植物和其他经济作物。

目前我国商品有机肥大致分为精制有机肥、有机无机复混肥和生物有机肥。

商品有机肥料的优点：①含有丰富的有机质和成分齐全的各种养分。②能为作物直接提供养分，而且能活化土壤中的养分，增强土壤中微生物的活性，促进营养物质转化。③改善土壤理化性状（微生物分解有机质时产生的有机酸能中和土壤碱性），增强土壤综合生产能力。④可增加土壤缓冲性能，减轻有毒离子的为害。⑤能增强作物体内多种酶的活性，加速物质在体内的运转，增强新陈代谢。⑥运输、施用方便。⑦可减少环境及土壤污染，改善农产品品质。

74. 什么是无机肥料、复合肥料、复混肥料、掺混肥料？

无机肥料：即矿质肥料，也叫化学肥料，简称化肥。它具有成分单纯、有效成分含量高、易溶于水、分解快、易被根系吸收等特点。

复合肥料：单独由化学反应制成的，含有氮磷钾中两种元素的肥料。它是有固定分子式、固定养分含量和比例的化合物。包括磷酸二氢钾、硝酸钾、磷酸一铵、磷酸二铵等。

复混肥料：以尿素、氯化钾、硫酸钾、硫酸铵、氯化铵等单质肥料和磷酸一铵、磷酸二铵等复合肥料或含磷单质肥料为原料，按一定配方加工制成的肥料。

掺混肥料：又称 BB 肥，它是由两种以上粒径相近的单质肥料或复合肥料为原料，按一定比例简单机械掺混而成的混合物。一般要求农户根据土壤养分状况和作物需要量随混随用或现买现用。

75. 什么是酸性肥料和生理酸性肥料、碱性肥料和生理碱性肥料、中性肥料和生理中性肥料？

酸性肥料和生理酸性肥料：酸性肥料即呈酸性反应的肥料，通常分为化学酸性肥料和生理酸性肥料。凡溶解在水中呈酸性反应的肥料叫化学酸性肥料。凡施入土壤经作物吸收养分后土壤酸性变强或碱性变弱的肥料叫生理酸性肥料。过磷酸钙属化学酸性肥料，硫酸铵、氯化铵、硫酸钾都属于生理酸性肥料。

碱性肥料和生理碱性肥料：碱性肥料即呈现碱性反应的肥料，通常可分为化学碱性肥料和生理碱性肥料。凡溶解在水中呈现碱性反应的肥料叫化学碱性肥料。凡施入土壤经作物吸收养分后土壤酸性变弱或碱性变强的肥料叫生理碱性肥料。草木灰、石灰氮都属于化学碱性肥料，硝酸钠属于生理碱性肥料。

中性肥料和生理中性肥料：中性肥料即呈中性反应的肥料，通常可分为化学中性肥料和生理中性肥料。凡溶解在水中呈现中性反应的肥料叫化学中性肥料。凡施入土壤经作物吸收养分后不改变土壤酸碱度的肥料叫生理中性肥料。尿素、硫酸钾都属于化学中性肥料，硝酸铵、硝酸钾属于生理中性肥料。

76. 常用肥料的化学酸碱性和生理酸碱性属性是什么？

氮肥中的碳酸氢铵属化学碱性、生理中性，硫酸铵属化学弱酸性、生理酸性，氯化铵属化学弱酸性、生理酸性，硝酸铵属化学弱酸性、生理中性，尿素属化学中性、生理中性。

磷肥中的过磷酸钙属化学酸性、生理酸性，重过磷酸钙属化学酸性、生理酸性，钙镁磷肥属化学碱性、生理碱性，磷矿粉属化学中性或弱碱性、生理碱性。

钾肥中的氯化钾属化学中性、生理酸性，硫酸钾属化学中性、生理酸性。

复合肥中的磷酸一铵属化学酸性、生理中性，磷酸二铵属化学弱碱性、生理中性，磷酸二氢钾化学弱酸性、生理中性。

77. 什么是速效性肥料和迟效性肥料？

速效性肥料：凡施入土壤中能直接被作物吸收利用其主要营养元素的肥料属于速效性肥料。大多数的化学肥料和少数的有机肥料（人粪尿）都属于速效性肥料。

迟效性肥料：凡施入土壤中要经过一段时间的分解或转化才能被作物吸收利用其主要营养元素的肥料属于迟效性肥料。绝大多数有机肥、磷矿粉等都属于迟效性肥料。

78. 什么是缓释肥？

缓释肥也称控释肥，这是指在化肥颗粒表面包上一层疏水物质制成的包膜化肥。水分可以进入化肥颗粒表面多孔的半透疏水膜溶解养分并缓慢向膜外扩散供给作物，从而根据作物需求调控释放养分的速度，达到养分元素供肥强度与作物生理需求的动态平衡。市场上的涂层尿素、覆膜尿素、长效碳铵就是缓释肥的一些品种。

79. 氮肥、磷肥、钾肥有哪几种类型？

氮肥有铵态氮肥、硝态氮肥、酰胺态氮肥。它们的共同特点是①易溶于水，肥效迅速，作物能很快吸收利用。②铵离子能与土壤胶体上已有的各种阳离子代换，形成代换养分。③遇碱性物质会分解，分解后挥发释放出氨气。④在通气良好的土壤中，铵态氮可硝化为硝态氮，便于作物根系吸收。

磷肥根据其溶解性分为水溶性、枸溶性（弱酸溶性）、难溶性三类。常用的难溶性磷肥有磷矿粉、骨粉；弱酸溶性的有钙镁磷肥、脱氟磷肥、钢渣磷肥；水溶性的有过磷酸钙、重过磷酸钙、磷酸二氢钾、磷酸一铵、磷酸二铵等。

果树生产常用的钾肥有硫酸钾、氯化钾、窑灰钾和草木灰等。

80. 什么是中量元素肥料？常用品种有哪些？

中量元素肥料通常指含有作物需要量为万分之几的钙、镁、硫元素肥料。中量元素通常是作为其他肥料的一种副成分来供给作物。这些元素在土壤中贮存数量较多，同时在施用大量元素肥（氮、磷、钾）时能得到补充，一般情况可满足作物的需求。随着农业生产的发展，只含氮磷钾而不含中量元素的化肥大量施用，有机肥施用量逐渐减少，近年来有些土壤作物上中量元素缺乏的现象不断增多，已引起人们的关注。

钙肥的常用品种有石灰、石膏、普通过磷酸钙、重过磷酸钙、钙镁磷肥等；镁肥的主要品种有钙镁磷肥、硫酸镁、氯化镁等；硫肥的主要品种为普通过磷酸钙、硫酸铵、硫酸镁和硫酸钾等。

81. 什么是微量元素肥料？常用品种有哪些？

微量元素肥料是指含有作物需要量为百万分之几必需营养元素的肥料。植物所必需的微量元素有铁、锰、铜、锌、硼、氯和钼。

目前常用的微量元素肥料有：硼肥、锌肥、锰肥、铁肥、钼肥、多元微肥等。

82. 稀土和稀土肥料的概念、施用方法及注意事项是什么？

稀土就是化学元素周期表中镧系元素——镧（La）、铈（Ce）、镨（Pr）、钕（Nd）、钷（Pm）、钐（Sm）、铕（Eu）、钆（Gd）、铽（Tb）、镝（Dy）、钬（Ho）、铒（Er）、铥（Tm）、镱（Yb）、镥（Lu），以及与镧系的 15 个元素密切相关的两个元素——钪（Sc）和钇（Y）共 17 种元素，统称为稀土元素（Rare Earth），简称稀土（RE 或 R）。

用含有稀土元素的矿物制成的肥料称为稀土肥料。

稀土肥料一般在果树上主要用于生长期叶面喷布，而且必须在良好的土肥水管理基础上才能充分发挥其作用。一般经验是①施用浓度在苹果成龄树上选用 $0.05\%\sim0.10\%$ 的稀土溶液；②施用时期应在盛花期和幼果膨大期；③以喷施两次以上较为理想，其显效期为 30 天左右。

配制稀土溶液用 pH 小于 7 的水并需用硝酸、盐酸或食用醋调至 pH 为 5 左右。叶面喷施时最好选在早晚无雨、无烈日暴晒、风速较小的天气条件下，喷后 24 小时内遇雨应考虑补喷。稀土只能与酸性农药混喷而不能与碱性农药（石硫合剂）混用。与酸性农药混喷时，二者浓度都要相应减低以防药害。

83. 什么是腐殖酸和腐殖酸类肥料？

腐殖酸是动植物遗骸（主要是植物的遗骸）经过微生物分解和转化及一系列地球化学过程形成的一类有机物质。

腐殖酸类肥料是指以富含腐殖酸的泥炭、褐煤、风化煤为原料，经过氨化、硝化等处理或添加氮、磷、钾及微量元素制成的一类肥料。它具有改良土壤理化性状、提高化肥利用率、刺激作物生长发育、增强农作物抗逆性、改善农产品品质等多种效果。

84. 什么是微生物肥料？如何识别微生物肥料包装标识？

微生物肥料通常称菌肥（剂）或生物有机肥，是指在农业上应用的含有目标微生物活体的一类制品，包括微生物菌剂和微生物肥料类产品。

微生物菌剂是由一种或数种有益微生物活细胞制备而成的一种微生物肥料。其按产品中特定的微生物种类或作用机理又可分为若干种类，主要有根瘤菌剂、固氮菌剂、解磷菌剂、硅酸盐菌剂、光合细菌剂、抗生菌剂、复合菌剂等。

微生物肥料类产品分为复合生物肥和生物有机肥。

微生物肥料包装标识的识别：微生物肥料由农业部登记备案。

产品登记证标注的方式为：微生物肥（2014）准（临）字（×××）号。

通用名称有：微生物菌剂、生物有机肥。

商品名称有：微生物××××制剂、生物有机肥。

（1）微生物菌剂：由一种或一种以上的目标微生物经工业化生产增殖后直接使用，或经浓缩或经载体吸附而制成的活菌制品。

主要技术指标：标注产品有效功能菌的种名及有效活菌总量，单位应为亿/克（毫升）或亿个/克（毫升）。有效活菌数（cfu）≥2亿个/克（毫升），颗粒制品有效活菌数≥1亿个/克（毫升）。

（2）复合生物肥：指特定微生物与营养物质复合而成，能提供、保持或改善植物营养，增加农产品产量或改善农产品品质的活体微生物制品。

主要技术指标：标注产品有效功能菌的种名及有效活菌总量，单位应为亿/克（毫升）或亿个/克（毫升）。有效活菌数（cfu）液体产品≥0.5亿个/克（毫升），粉剂和颗粒≥0.2亿个/克（毫升）。总养分标注总氮（N）、五氧化二磷（P_2O_5）和氧化钾（K_2O）含量之和或分别标明,以质量百分数表示。液体产品 $N+P_2O_5+K_2O$ $\geqslant 4\%$。粉剂和颗粒 $N+P_2O_5+K_2O \geqslant 6\%$。含两种以上微生物的复合生物肥料,每一种有效菌的数量不得少于 0.01 亿个/克(毫升)。

(3)生物有机肥。指特定功能微生物与主要以动植物残体(如畜禽粪便、农作物秸秆等)为来源并经无害化处理、腐熟的有机物料复合而成的一类兼具微生物肥料和有机肥效应的肥料。

主要技术指标:标注产品有效功能菌的种名及有效活菌总量,单位应为亿/克(毫升)或亿个/克(毫升)。有效活菌数(cfu)$\geqslant$ 0.2 亿个/克(毫升),有机质 $\geqslant 25\%$。

85. 为什么苹果园要平衡施肥?

苹果树正常生长发育需要碳、氢、氧、氮、磷、钾、钙、镁、硫、铁、硼、锰、铜、锌、钼和氯 16 种必需的矿质元素和硅等有益元素,除碳、氢、氧外,其他养分主要从土壤中吸收。苹果树产量高且在同一地块长期生长,每年果实会带走大量的养分,其中氮、磷和钾的带走量较大,需要果农施肥补充;其他养分(钙、镁、铁、硼、锌和钼)虽然带走的量较少,但由于果农往往忽视补充,我国多数果园土壤中已表现出了这些养分缺乏的症状。因此,需要施用含有中量和微量元素养分的肥料。在生产上,钙、镁和硅肥以秋季施肥最好,每种肥料每株树施 1~3 千克(根据缺乏程度确定用量);也要根据土壤状况补充施用氮肥、磷肥和钾肥,黄土高原苹果产区土壤富钾贫磷,各地在施肥上应注意这些特点。

86. 为什么苹果园要根据目标产量确定施肥量?

确定苹果园施肥量的方法很多,其中根据目标产量确定施肥量是最简单实用的方法。因为果园生态系统中每年输出物中的最多部分是果实,根据养分平衡的要求,最应该补充的便是果实带走的养分。有关资料表明,每生产 100 千克苹果,需要补充纯氮(N)

0.5～0.7 千克、纯磷（P$_2$O$_5$）0.2～0.3 千克、纯钾（K$_2$O）0.5～0.7 千克。产量为 3 000 千克的果园则需要补充尿素 37.5～52.5 千克、过磷酸钙 50～75 千克和硫酸钾 30～42 千克。在对某个果园确定施肥量时，还要考虑其土壤中具体养分的含量状况，其在土壤中养分含量多时取下限，反之取上限。

87. 为什么苹果园要因树调节各个施肥时期不同养分的比例？

促成丰产稳产的树体结构是苹果园养分管理的目标，施肥不仅要满足苹果生长发育的需要，还要调节好树体结构。生产上的苹果树主要分为丰产稳产树、旺树和弱树，需要调节的是旺树和弱树。各种养分中对树体调节作用明显的是氮肥，因此在各个时期要根据树势确定氮肥的施用方案（表 2）。目前生产上有忽视秋季（采果后）施肥的现象，需要引起大家重视。

表 2　不同树势不同时期施肥比例

肥料	旺树			丰产稳产树			弱树		
	采果后	3 月中旬	6 月中旬	采果后	3 月中旬	6 月中旬	采果后	3 月中旬	6 月中旬
氮肥	60%	0	40%	40%	30%	30%	30%	40%	30%
磷肥	60%	20%	20%	60%	20%	20%	60%	20%	20%
钾肥	20%	40%	40%	20%	40%	40%	20%	40%	40%

88. 为什么苹果园提倡根层施肥？

苹果树主要通过根系吸收土壤中的各种养分，根层施肥（即向根系集中分布层土壤中施肥）一方面可提高肥料利用率，另一方面可以诱导根系扩展生长，促进苹果树的生长发育。

幼龄果树施基肥提倡采用环状沟施肥法，即在树冠外沿下向内 20 厘米处挖宽 40 厘米、深 50 厘米的环状沟，把有机肥与土按 1：

3 的比例及一定数量的化肥掺匀后填入。密植果园和成龄果树施基肥提倡条沟状施肥法，即在树的行间或株间开沟施肥，沟宽、沟深同环状沟施肥法一样。

追肥最好采用放射沟法，即从距树干 50 厘米处开始挖成放射沟，内膛沟窄些、浅些（约 15 厘米深、15 厘米宽），冠边缘处宽些、深些（约 30 厘米深、30 厘米宽），每株依树体大小而定挖 3～6 个，将肥料、碎秸秆和土混合填入沟中，然后覆土灌透水。

89. 为什么提倡叶面喷施中微量元素肥料？

在有中量和微量元素缺乏现象的果园中往往存在相应的土壤障碍性因素，当把中量和微量元素肥料施入土中后，这些养分的有效性常常会很弱，因此，中量和微量元素肥料最好采用叶面喷施的方法补充（表 3）。对于镁和硅还要与土壤施用相结合。

表 3　苹果微量元素的施用

时期	种类、浓度	作用	注意
萌芽前	1%～2%硫酸锌	矫正小叶病	用于缺锌的果园
萌芽后	0.3%～0.5%硫酸锌	矫正小叶病	出现小叶病时应用
花期	0.3%～0.4%硼砂	提高坐果率	可连续喷施 2 次
4～8 月	0.1%～0.2%黄腐酸铁	矫正缺铁黄叶病	有症状可连喷施 3 次
5～6 月	0.3%～0.4%硼砂	防治缩果病	果实套袋前连喷 3 次
	0.3%～0.5%硝酸钙	防治苦痘病	
落叶前	2%～5%硫酸锌	矫正小叶病	用于易缺锌的果园
	2%～5%硼砂	矫正缺硼症	用于易缺硼的果园

90. 什么是苹果配方肥？

苹果配方肥（即苹果专用复混肥）是根据苹果需肥特点和土壤供肥特性而生产的有特定氮磷钾养分配比的肥料。它与一般复混肥相比，更有针对性。合理使用苹果专用肥能有效地增加苹果的产量，改善苹果的品质。

91. 苹果生产中常用的"洋丰"苹果专用肥有哪些种类，不同比例的专用肥有何特点？

苹果上常用的专用肥有 17-10-18、17-8-20、14-16-15 复混肥、12-8-10 有机无机复混肥。

17-10-18 和 17-8-20 属于高氮高钾型复混肥，可侧重补充苹果在生育期内需要的氮素和钾素，有利于提高苹果的品质水平，在苹果膨果期施用效果最佳。

14-16-15 属于平衡型复混肥料，可平衡补充苹果任何生长期的氮磷钾营养，产品为硫酸钾型复混肥，用于基肥和追肥均可。本产品钾素来源主要是硫酸钾，能为苹果提供相应的硫营养。

12-8-10 有机无机复混肥为均衡型配方，作基肥或追肥施用均可。产品添加了 20％的有机质，有机营养与无机营养配合，能保证苹果整个生长期营养的稳定平衡供给，提升苹果品质水平，增加苹果产量。

3.5 花果管理技术

92. 如何采集花粉、人工授粉和利用壁蜂授粉？

采集花粉：人工授粉时要在苹果盛花前从适宜的授粉树上采取含苞待放的"铃铛花"并剥花药制粉。即在上午露水干后采取含苞待放的花朵，花多的树或弱树上可多采些，一个苹果花序采集 1～2 朵边花即可。将采下的花朵及时带回室内用两花相对揉搓法将花药取下，去除花丝后放在干洁光滑的纸上使花药阴干。花药最好放在通风好、温度 20～25℃、空气湿度 60％～80％ 的房内，温度低时可在室内生火炉或用 40～60 瓦的灯泡悬挂在离花 20～30 厘米的纸箱上空（花药盛放在纸箱底部），或将其放在火炕上，每昼夜翻动 2～3 次，经 24～48 小时后，通常一昼夜花药即可破裂散粉。

50千克鲜花朵出5千克鲜花药，其阴干后能出1千克花粉，可给30～50亩苹果园授粉。制得的花粉装入棕色小瓶，放入冰箱存放在冷冻温度下待用（零下20℃保存1个月时镜检花粉的发芽率也大于90.5％）。

人工授粉的好处：人工授粉是克服花期天气不良、补充授粉树数量不足或配置不当、增加坐果量、提高产量的重要技术措施。即使在花期天气良好、授粉树配置较好的苹果园，人工授粉也能显著提高坐果率，对于增加"小年"产量、逐步消除"大小年"现象，都有显著效果。

人工授粉的工具：多采用自制授粉器点授。授粉器可用毛笔或铅笔的橡皮头，也可用棉花缠在小木棒上或用橡皮切成小三角穿上铁丝制成，又可用自行车气门芯反叠插在铁丝上制成。花粉可分装在干净的棕色小玻璃瓶中。

人工授粉的方法：将蘸有花粉的授粉器，向初开的柱头上轻轻一点，使花粉均匀地粘在柱头顶端即可。一般每个花序授粉1～2朵，若点一朵，最好选中心花，花序间可隔三五朵点授，不必每朵花序都进行。还可以根据树体情况选点授粉，花量少的旺树和"小年"树要树冠上下、内外全面授粉。花量多的弱树和"大年"树则可重点对树冠中、下部和辅养枝上的花朵授粉。另外，加强树冠内膛花朵授粉，对增加坐果和增加产量也有一定作用。在大面积人工授粉时，也可以采用喷雾或喷粉等方法提高授粉效率。喷雾授粉时要注意避开大风天气，一般用水500份加入蔗糖25份、硼砂1.5份、尿素1.5份、花粉1份，搅拌均匀配制成花粉水悬液，每树用花粉液约100克左右。花粉水悬液要随配随用，以免影响花粉生活力。喷粉前，需在花粉内添加10～50倍的滑石粉稀释后喷粉授粉。

人工授粉的时间：宜在盛花初期早晨露水干后对当天开放的花朵授粉。由于花朵分批开放，特别在低温天气下花期较长时，第一次授粉后两天左右要对那些初开的花朵再一次授粉。

利用壁蜂授粉：①确定放蜂数量，要根据果园面积、树种、授粉树配比和结果状况等因素确定放蜂数量。一般盛果期果园每亩放蜂量应为 200～300 只；初果期的幼龄果园及"小年"果园，每亩放蜂量 150～200 只。②放蜂时间，根据树种和花期的不同而定。蜂茧放到果园后 7～10 天才能出齐，因此一般于中心花开放前 4～5 天放蜂进园以免错过开花的盛期，否则不能充分发挥壁蜂的授粉作用，也会减少壁蜂的繁殖系数。若壁蜂已经破茧，要在傍晚时释放壁蜂。

93. 优质丰产果园综合促花技术及应注意事项是什么？

优质丰产果园综合促花技术包括 13 项内容，一是增施有机肥、施配方肥、养根壮树，确保树体健壮发育；二是实行覆盖栽培，保护地表层土壤根系，增加吸收根数量，促进生殖生长；三是冬剪以疏为主，轻剪多留，疏缓结合，缓势促萌；四是改造郁闭，创造通风透光的生长环境；五是拉枝开角以减缓极性，缓和树势枝势，促进养分积累；六是发芽前对长枝适度刻芽促萌以增加枝量；七是拿枝软化，改变方向，以削弱极性，促生中短枝；八是花芽分化期控水控氮，加强叶面追肥，以促进叶片营养生长；九是春梢旺长期对幼旺树适度环剥或环刻，以增加养分积累，促进花芽形成；十是疏花疏果以保持合理负载，减少养分过度消耗，促进花芽分化；十一是加强夏剪，及时疏除徒长枝、密挤旺长枝和背上强旺枝以减少养分的无效消耗，同时对部位较好的旺枝适度扭梢以抑制旺长、促生花芽；十二是加强叶面追肥，增强光合性能，以防止叶片早落，促进营养的制造和积累，确保花芽正常分化；十三是喷施植物生长调节剂，对旺长的树于花前、春梢和秋梢旺长期，各喷施一次 PBO（一种果树促控剂）以促进花芽形成，增大坐果率、增大果个、增糖促色。

促成花芽应注意的事项：①坚持促花壮树，而不应以削弱树势达到成花的目的；②加强综合促花管理，因树因枝而异，避免促花措施"一刀切"；③旺枝环剥口宽度一般为枝直径的 1/10～1/8；④注重拉枝开角，缓和树势；⑤树势稳定，大量结果后，应以养根壮树，合理负载，协调器官建造管理为主，使成花结果两不误。

94. 疏花疏果的标准和方法及其在生产中的作用与 注意问题是什么？

疏花疏果在果树生产上的作用：①可以增大果个；②可以提高果实产量和品质水平；③可以促进果实早熟，提早上市；④有利于克服果树"大小年"，保证树体连年丰产稳产。

疏花疏果的标准：适宜的负载量是能够保证苹果树连续丰产稳产的保证。它要求维持果、枝、叶的一定比例。①盛果期苹果树疏花疏果技术标准中，以红富士为代表的大型果树体的枝果比为4～5∶1，叶果比为50～60∶1；以嘎啦为代表的中型果树体的枝果比为3∶1，叶果比为30～40∶1。②在生产中常根据树势、栽培水平确定每棵树的留果量，亩产在2 500～5 000千克（以3 000千克计算）并要求大型果在200克以上、中型果150克以上时，可计算留果数量在10%～20%的保险系数时为每亩16 500～18 000个；每亩留果量确定以后，再根据树势强弱和树冠大小确定每株的留果量。

疏花疏果方法：①按照预定的留果数量，先疏除小果、虫伤果、畸形果；一果台多个果的疏除边果留中心果；如果树上的果实还多，再疏除密挤的果，直到预定的留果数量为止。②疏花疏果的时间，疏花应在花序分离期前后，疏果应在花后一周开始，一个月内完成；疏果过晚时幼果消耗的养分量大，不利于果实后期发育和花芽分化。

疏花疏果应注意以下10个方面的问题。①看时间，一般以花蕾明显露出、顶端显红后疏蕾较为适宜，同时注意保留叶片直至花后30天内疏花、定果完毕；②看气候，若当地历年有晚霜则待晚霜过后再根据受冻轻重确定；无花期冻害地区则可疏蕾；③看品种，生理落果严重的品种可在落花两周后疏幼果，而生理落果轻的品种应早疏；④看树势，弱树早疏少留、强树迟疏多留；⑤看花量，花量大时要多疏，花量少时要少疏、晚疏或者不疏；⑥看花芽，弱小花芽、腋花芽、长果枝花芽和发育迟的花芽可多疏少留；

壮花芽、顶花芽和短果枝花芽可适当少疏多留；⑦看距离，一般小型果 15～20 厘米留一果，大型果 20～30 厘米留一果；单果留中心果，双果留对称果，做到全树分布均匀，且多留 2～3 成幼果作为产量的保证；⑧看副梢，按果台副梢定果，即有一个果台副梢留单果，两个果台副梢留双果，没有果台副梢不留果（短果枝品种除外）；⑨看果枝，腋花芽果枝和斜生于骨干短枝轴上的果枝果实畸形者较多，应疏除；⑩看果实，长势健壮、肩部平展、自然下垂、花萼朝下的幼果，果实长成后一般果形端正，应多留。

95. 晚霜冻害特点和花期冻害的预防及补救措施是什么？

晚霜冻害特点：晚霜时，严冬过后的落叶果树已解除休眠，各器官抗寒性较差，一旦遭受霜冻则往往减产。霜冻时温度下降速度越快、幅度越大，低温持续时间越长，则冻害越重。

晚霜冻害预防措施：①放烟法，即根据气象预报做好果园放烟准备，可用 7 份锯末＋2 份硝酸铵＋1 份废柴油，装入纸筒，外加防潮膜制成发烟筒；1 亩地设 5 个以上放置发烟筒的地点，从夜间 0～3 时开始点燃发烟，早晨日出前停止；以浓烟为宜，使烟雾弥漫整个果园。②果园喷水及营养液，强冷空气来临前对果园连续喷水或喷施芸薹素内酯，可以有效调节细胞膜透性，缓和果园霜冻为害。③延迟萌芽开花以躲避霜冻，一般采取往果园灌水和树体涂白的方法推迟花芽萌动和开花。

晚霜冻害后的补救措施：①在花托未受害的情况下喷施氨基寡糖素 1500 倍液。②对晚开的花和为害轻的花及时人工辅助授粉促进坐果。③及时施用速效复合肥、土壤调理肥、腐殖酸肥并立即给果园适量灌水以补充营养而减缓霜冻危害。④及时查看病虫情况并及时预防喷药，提高坐果率。

96. 苹果品质的标志包括哪几个方面？

主要有 3 个方面：①表面外观品质，包括果形和果个、色泽和色相、果面光洁度。②鲜食内在品质，包括糖酸相宜、果实脆硬、香气浓郁、绿色食品。③贮藏品质，包括贮存期、病虫害情况、生理病害情况。

97. 提高果实品质水平的技术途径有哪些?

主要有 8 个途径：①选择优良品种适地栽培。②加强土肥水管理，增施有机肥料。③合理整形修剪，保持果园通风透光。④及时疏花疏果，保持合理负载。⑤科学地防治病虫害，减少农药残留。⑥果实着色期摘叶转果并在地面铺设反光膜。⑦根据果实用途适时采收。⑧加强采后处理，完善贮藏措施。

98. 果实着色影响因素及应采用的措施是什么?

果实着色的主要影响因素：①气象因素，苹果在采收前 2～3 周平均温度与花青素量呈负相关，低温可增强其花青素的合成；一般较均夜温和较大的昼夜温差有利于苹果着色；大多数中晚熟品对大于 10℃ 的温差是必要的。光照不足和遮阳都会影响着色。②品种因素，苹果的色泽因种类和品种而异，这是由其遗传性决定的。富士苹果就属于难着色品种。③树体营养，树体有一定程度的糖分积累是着色的基础，着色度高的果实可溶性固形物也高。④肥料种类，不同的矿质营养元素对苹果着色有明显影响。富士苹果树 7 月份叶片氮素含量大于 2.5% 时叶柄呈绿色，不利于糖的积累和果实的着色，叶片氮素为 2% 左右时叶柄呈紫红色，果实着色好；在果树缺钾时增施钾肥有利于着色，不缺钾时施钾肥不利于着色。⑤树体叶幕，叶幕层太厚造成树冠内膛光照不足时，则不利于果实的正常着色。富士苹果果实一定要有光的直接照射才能着色。

改善果实着色的措施：①适地适栽，必须要依据目标品种的生长习性及其生态适应性，选择当地适合的气候和生态区域建果园。②选择容易着色品种，要有针对性地选用容易着色的品种。③在叶片营养科学诊断的指导下配方施肥，即在增施有机肥的基础上控制氮肥而增施磷钾肥及中量和微量元素肥，同时还要在采摘前 10～

20 天保持土壤适度干燥。④保持树体光照良好，首先要维持合理的群体结构，其次要保有良好的树体结构和健壮的树势，还要求新梢生长量适中且能及时停止生长。⑤合理负载，苹果负载量应根据其历年产量和树势及当年栽培管理水平确定，合理的果实负载量和适宜的叶果比有利于果实中糖分的积累，从而促进果实着色。⑥套袋配合摘叶和转果，这不仅能改善果实的色泽和光洁度，而且还有减少尘土污染和农药残留以及预防病、虫及鸟类为害的作用，也有防止日灼和枝叶擦伤等功效。⑦地面铺反光膜，在果实进入着色前期时清理树盘并铺设反光膜，可以改善树冠内膛和下部的光照条件，促使下部果实和果实萼洼部位着色。⑧施用化学调理剂，于果实着色期喷施 0.5% 的磷酸二氢钾和相应的植物生长调节剂，会有相应的增色效果。

99. 果实套袋的时间、纸袋选择及操作方法有什么要求？

　　苹果适宜的套袋和摘袋时间：一般在花后 30～35 天套袋并于果实采收前 15～20 天摘袋。

　　苹果纸袋的鉴别：①看透气孔，先把纸袋撑圆，看到下边的透气孔畅通就好。②看透气性，把外纸袋撕开成单层，封套在装热水的杯口上，有气体冒出则是好袋。③看渗水性，把纸袋平放在桌面上，在上面倒一些白酒，渗得慢的是好袋。④看遮光性，把袋撑圆对着光看，遮光好的是好袋。⑤看韧性，把纸袋泡在水盆里湿透，用手搓不破碎的是好袋。⑥看原料，草纸不如木浆纸的好；用火把纸袋燃烧完后，草纸灰上有火星，木浆含量在 30% 以上的纸灰上没有火星并且纸灰还是个纸袋形，可用手拿起来了。⑦看内红袋腊面，蜡面朝外的袋可用。

　　操作方法：①套袋前将整捆果袋口朝下倒竖于潮湿处，这样可使袋口潮湿变柔软，便于操作。②套袋时一手拿果袋一手撑开袋口使纸袋呈完全膨胀状态，底部两通气孔开放。③将膨胀的纸袋套在幼果上，果柄置于纸袋口纵向开口的基部再将袋口两侧捏在一起；

接着将一边纵向折叠 2～3 次，当两次折叠合并后，再将折叠的袋口在 1/2 处自有铁丝的一边向无铁丝的一边横向折叠成 V 字形，使铁丝卡在折叠的纸袋口上；最后整理纸袋防止幼果贴在一边而在袋内温度升高时灼伤。④套袋操作应按先树上、后树下，先内膛、后外围的顺序进行，以免套袋时碰掉已套好袋的幼果。

100. 苹果着色期怎样摘叶、转果？

通常情况下，摘叶要与果实着色始期同步，主要摘除果实周围遮阳和贴果的 1～3 片叶，树体摘叶总量控制在 30％左右，同时疏除内膛直立枝、萌生枝等，打开光路。摘袋后一周左右时转果，增加阴面受光时间，促使果实全面着色。

101. 苹果园反光膜的选用要求、铺膜时间和方法是什么？

选用：一般选用由双向拉伸聚丙烯、聚酯铝箔、聚乙烯等材料制成的薄膜。这类薄膜的反光率一般可达 60％～70％，比一般普通农用地膜高 3～4 倍，可连续使用 3～5 年。

铺膜时间：套袋果园一般在摘除果袋 1～2 天内铺膜，没有套袋的果园宜在采收前 30～40 天铺膜。

铺膜方法：①铺膜前的准备，乔化果园可在铺膜前清除树行杂草，用耙子将地面整平或整成内高外低的小坡面以防积水；矮化园可随地势铺膜；套袋果园在铺膜前要先除袋并适当摘叶；还应修剪、回缩树冠下部拖地枝群，疏除树冠内遮光较重的长枝。②铺膜方法，顺树形铺在树冠下地面两侧，反光膜的外边与树冠的外沿齐。③铺膜后的管理，要经常检查，刮风下雨时应及时将被风刮起的膜重新整平，将膜上的泥土、落叶及积水及时清扫干净以保证反光效果；采果前将反光膜收拾干净卷起并妥善保存供来年再用。

102. 如何确定苹果适宜的采收期？

生产上果实的适宜采收期，一般根据不同品种的生物学特性、生长状况以及气候和栽培管理措施等因素综合考虑判别。同时，还要依据调节市场供应、贮藏、运输和加工需要、劳力安排等多方面的因素确定。

确定苹果适宜采收期的依据：①看果皮颜色，绝大多数的苹果品种从幼果到成熟期的发育过程中，果皮底色都会由深绿逐渐变为浅绿或黄色；有些着色品种上色较早，但果皮底色仍然是绿色，只有果皮底色由绿变黄时才是成熟的表现；金帅等非着色品种一般宜等到底色稍黄时采摘。②看果柄，果实真正成熟时，果柄基部与果枝间会形成离层，果实稍受一点外力即会脱落。③看果实的生长期，在正常的气候条件下，不同品种在同一地区都有比较稳定的生长发育时期，由盛花期到成熟期所需时间也比较固定，一般早熟品种在盛花后 60～100 天、中熟品种 100～140 天、中晚熟品种 140～160 天、晚熟品种 160～190 天成熟。④看种子颜色，在果实发育过程中，其种子都有一个逐渐褐化的规律。剖开果实，若种子变褐色或黄褐色，表明已成熟。⑤看果实硬度，随着果实的成熟，果肉变松软，硬度逐渐降低，果实成熟时的硬度相对稳定，其中红富士硬度为 7.3～8.2 千克/厘米^2、金帅为 6.8 千克/厘米^2、国光为 8.6～9.5 千克/厘米^2、嘎拉为 6.5～7.0 千克/厘米^2、澳洲青苹 8.0～9.0 千克/厘米^2、新红星为 6.5～7.6 千克/厘米^2、乔纳金为 6.3～6.8 千克/厘米^2。⑥看果实的采收成熟期和食用成熟期，采收成熟期是指果实体积已不再增大，果柄基部已形成离层；食用成熟期是指果实最好吃的时期。其中晚熟品种采后 3～4 周果实才达到食用成熟期，而早熟品种的两种果实成熟期基本一致，为了贮藏和长途外运往往需要提前采收。⑦看当年的气候与市场供需状况，如果有自然灾害时，应组织人力适当提前抢收。根据当年市场供需情况，为获得较好经济效益适当早采或晚采。另外，套纸袋果实应在果实采收前 15～20 天摘袋并施行转果、摘叶、铺反光膜等促色措施，使果实全部着色成为粉红色即可采摘，此期为商品色最佳采摘期，着色过重反而不受市场欢迎。

103. 苹果分级、包装和运输时应注意什么？

果实贮藏或外销前要严格按标准分级，分级后的果实要用蜡纸或塑料网套包装。包装用的纸箱、箱板、隔板、果垫、包装纸、胶带均应清洁、无毒、无异味，箱体两侧留 4～6 个气孔，气孔直径 15 毫米左右，箱体应注明商标、品种、产地、重量，注明无公害苹果，批准为绿色食品的则要印上绿色食品标志。运输果品的工具要清洁卫生，不能与有毒、有害、有异味的物品混装；在存放和运输期间，要防日晒、雨淋，同时要防冻、防热；装卸时要轻装、轻放。

3.6 病虫害防治

104. 防治病虫害的用药原则是什么？

根据防治对象的生物学特性和为害特点，化学防治一定要选择允许使用的无污染生物源和动物源的特异性农药，无机农药和矿物性农药；有限制地使用中毒农药；禁止使用剧毒、高毒、高残留农药；在不得不使用化学农药时，要严格按安全期施药，在摘果前一个月内禁止施用。

105. 什么是果树病虫害防治的关键时期？

果树病虫害防治的关键时期：①病虫害发生初期，一般果树病虫害的发生分为初发、盛发、末发 3 个阶段。病害应在初发阶段或发病中心尚未蔓延流行之前防治；虫害应在发生量小、尚未大量取食为害之前防治。这样就可以把病虫害控制在初发阶段。②病源生物及害虫生命活动最弱期，一般害虫在 3 龄前的幼龄阶段虫体小、体壁薄、食量小、活动集中、抗药能力弱、药杀效果好。③害虫隐蔽为害前，害虫在果树枝干、花、果实、叶表面为害时喷药易被触杀，一旦蛀入作物体内为害，防治则比较困难或无效。因此，卷叶虫、潜叶蛾类害虫应在卷叶或潜入叶内之前防治；食心虫类害虫应在蛀入果实前防治；蛀干害虫要在未蛀入或刚蛀入时防治。④达到防治指标就及时防治，果实着生桃小食心虫卵的有卵果率达到 1％时、食叶毛虫类在叶片被吃掉 5％时、蚜虫每叶有 5～6 头或百个幼芽上有 8～10 个群体时、红蜘蛛每片叶有 2～3 头时防治最为经济有效。⑤选好天气和合适施药的时间防治，果树病虫害防治不宜在大风天气喷施药物，保护性杀菌剂宜在雨前喷施，内吸性杀菌剂应在雨后喷施。施药时间应该避开高温、低温（温度高时杀虫效果好但易发药害，露水未干和低温时喷施则药效差）。

106. 苹果花期前后主要有哪些病害？

苹果花期前后的病害主要有腐烂病、干腐病和枝干轮纹病、斑点落叶病、白粉病、霉心病、锈病等。

107. 为什么花前要防治病虫害？

春天里，果树随气温的升高从休眠状态转入生长状态，各种越冬的病原菌和害虫也同时出蛰繁殖侵染和扩散，而经验告诉我们，花期又应避免给树上喷药，因此必须在花前喷药。此外，发芽前在干枝上喷药对于铲除越冬菌源、虫源，压低初期病源生物及害虫基数，争取全年病虫害防治的主动性十分重要，所以必须强调喷好干枝期和花露红期的两次药。

3.6.1　病害防治

108. 植物病害有哪些类型？怎样区分真菌、细菌和病毒病害？

植物病害的类型：按照病原类别可划分为侵染性病害和非侵染性病害两类。①侵染性病害根据病原物类别又可细分为真菌病害、原核生物病害、病毒病害、线虫病害和寄生性种子植物病害 5 种，其中真菌病害又可再细分为霜霉病、疫病、白粉病、菌核病、锈病、炭疽病等。②非侵染性病害是由不良的气候条件、土壤条件、栽培条件、管理措施以及环境污染引起的一类病害。包括营养不良、水分供应失调、温度不适、盐碱和有毒物质引起的病害。这些不利条件扰乱了植物正常的生理功能而发病，所以也被称为生理病害。苹果苦痘病、痘斑病就属于这种病害。

真菌、细菌和病毒病害的区分：我们通常把生病植物症状分成腐烂、坏死、变色、萎蔫、畸形五大类，根据其表现可区分病害的类型。①腐烂症状，真菌和细菌都可以造成腐烂病斑；细菌造成的腐烂病斑往往出水很多，烂成一摊泥；真菌造成的腐烂病斑有的较干、有的湿润，患病处常常长出各种颜色的霉层、小黑点或小黑粒。②气味，细菌造成的腐烂病斑会发出臭味；真菌病害的病斑没有臭味而有衣物发霉或发酵的香味。③叶斑，由于细菌破坏植物的细胞壁和细胞膜，能使细胞内物质渗到细胞间，这样就会使植物组织变得透明，所以细菌病斑很像水渍或油渍状，边缘透明，湿润条件下能够在发病部位看到亮黄色小珠子（菌脓）；真菌病斑会长一些霉层或小黑粒；病毒病斑的表面什么东西都不长。④病毒病症状，常和传毒昆虫的活动有关；病毒在侵染寄主后会改变寄生植物的某些代谢平衡，致使其产生畸形、花叶等症状，严重时导致植物死亡。

109. 苹果腐烂病的症状、发病规律、防治措施及复发的主要原因是什么？

苹果腐烂病又称臭皮病、烂皮病，是我国苹果产区的主要枝干病害。

苹果腐烂病的症状：主要是果树皮层组织坏死，表现为 3 种：①溃疡型，多发生在骨干枝上，严重时主根基部也有受害症状。病斑呈椭圆形、略肿起、红褐色，有强烈的酒糟味。后期病斑失水龟裂并产生黑色小粒点。②枝枯型，多发生在嫁接苗和 2～5 年生小枝及果台上，病斑边缘不明显，病皮质地糟烂，天气潮湿时从中涌出白色粉状孢子堆。③有时侵染果实，病斑暗红褐色、圆形或不规则形，有轮纹，具酒糟味。

苹果腐烂病的发病规律：①病原是一种弱寄生真菌，以菌丝体、分生孢子器、孢子角及子囊壳在病皮上越冬。②病菌孢子主要靠雨水传播，着落在树皮上之后从剪锯口、冻伤斑、落皮层以及其它带有死组织的伤口侵入，也可以从果柄痕、叶柄痕、皮孔等部位侵入；较大面积的新鲜伤口能分泌出足以供病菌孢子发芽的营养物质，有利于病菌的侵入和繁殖。③腐烂病全年均可发生，但有两次发病高峰。第一高峰在发芽前后（即3～4月份），称为春季高峰，这两个月中新出现的病斑数占全年新病斑总数的60％～70％，而且病斑扩展快，患病组织变软。第二高峰出现在8～10月份，称为秋季高峰，这时病菌的侵染能力高于春季，腐烂病菌宿存在烂透病疤下面的木质部中，范围和原病斑相一致，深度为1.0～1.5厘米，病菌在木质部中多数存活3年，最长5年。④冻害和管理粗放是此病的主要诱因，一般施肥不足、结果过多、早期落叶的果园，都易造成腐烂病大流行。

苹果腐烂病的防治措施：①加强管理，增强树势，是增强树体抗病力进而防治腐烂病的有效措施。首先应改善立地条件，深翻改土，增施肥料，促进根系发育；其次要细致修剪、疏花疏果，保持合理负载，克服"大小年"现象，壮树稳产。此外，要综合防治病虫害，尤其是红蜘蛛和早期落叶病。②做好清园和刮皮工作。早春3月上旬对主干、大枝基部全面重刮皮（以露出新皮、大枝露白为宜）以减轻病菌侵染。措施包括刮治和割治，刮治是将病斑刮净后给伤口消毒，刮口边缘成立茬并刮成梭形；割治是用利刀将病部纵向间隔0.5～1厘米划割，然后在距病部四周0.5厘米处割一"隔离圈"，用硬毛刷蘸配好的消毒剂"挫刷"，隔10天再涂1次。供选择药剂有腐必清原液、腐必清乳剂3～5倍液、50倍多效灭腐灵，也可涂4～5波美度石硫合剂或在其中加200倍五氯酚钠。③喷药防治，春季果树发芽前，在刮治1～2次病疤的基础上全树喷洒50～70倍腐必清乳剂，落叶后再喷布一次50～70倍腐必清乳剂。④桥接法，对病斑较大的树，应利用根颈周围萌蘖或贮备枝条桥接以加速恢复树势。

福美胂用于防治腐烂病已达 20 年之久。30 年生树皮和土壤中胂的残留量会高出国家规定标准 30 倍以上，严重危害人们健康。因此建议不再使用福美胂而改用腐必清、9281 等无公害生物制剂和菌毒清等无残毒药剂。

苹果腐烂病复发的主要原因：①病斑刮治不彻底，残留病菌继续扩大侵染。②刮治病斑边缘伤口愈合不良，重受病菌侵染。③刮除病斑后，没有及时涂抹药剂，导致残留病菌继续侵染。

110. 苹果轮纹病的症状、发病规律及防治措施是什么？

苹果轮纹病又称粗皮病、烂果病、水烂病等。主要危害果实、枝干，也能危害叶片，在我国各苹果产区常造成重大损失。

苹果轮纹病的症状：①果实多在近成熟期或贮藏期发病，最初以皮孔为中心产生水渍状褐色斑点，渐次扩大形成具有颜色深浅相间的同心轮纹，果肉迅速向果心腐烂并溢出茶褐色黏液，常发出酸臭味，6～7 天即全果腐烂，即"果形不变，浑身出汗"。②果实由内部向外烂，果面形成不规则的褐色云状病斑，果肉大部或全部腐烂，病部表面下散生黑色小粒点；病果腐烂多汁，失水后变成黑色僵果。③枝干染病后，通常以皮孔为中心，出现红褐色水渍状的圆斑，直径 3～20 毫米不等，中心隆起呈瘤状，质地坚硬；次年病斑上产生许多小黑点，病健部交界处逐渐加深裂开；第三年病斑翘起如马鞍状，许多病斑密集融合，称粗皮病。④叶片发病很少，发病叶片产生近圆形或不规则形褐色病斑，大小 0.5～1.5 厘米，后期逐渐变为灰白色，病斑上散生黑色小粒点。

苹果轮纹病的发病规律：①病原以菌丝、分生孢子器和子囊壳在枝干病瘤中越冬，菌丝在枝干发病组织中可存活 4～5 年；春季气温升至 15℃以上时，遇雨即萌发孢子并随风雨飞溅传播，传播距离一般不超过 10 米；田间孢子 4 月底至 10 月底均有萌发，5 月中旬至 7 月中旬为萌发盛期，9 月以后散发量锐减；病菌孢子均是在降雨后释放量明显增多。②整个果实生育期病菌均能侵染果实，其中谢花后的幼果期至8月上旬为最易侵染时期，在温湿度适宜时，12~24小时便可完成侵染过程；病菌侵入果实后，在果点附近潜伏几十天到200多天不等，待果实近成熟时或贮藏期发病；果实内含有0.7%的酚类化合物可抑制病菌的活动，当酚类化合物含量减少到0.04%以下时，菌丝才开始活动；在条件适宜的情况下，果实发病5~6天即腐烂；成熟期侵入的病菌，潜育几天就可致果实腐烂；侵染苹果果实的病原除来自苹果本身枝干外，还有杨、柳、刺槐、山楂等多种林果树，树上的病果不能产生子实体，所以也不是再侵染来源。③轮纹病菌最容易侵染一年生枝条（新梢），对2~4年生枝条的侵染率较低；枝条的侵染时期为4~9月份，其中6~7月份最多；侵入新梢的病菌，一般从8月开始以皮孔为中心形成新病斑，第二、三年开始大量形成分生孢子器和分生孢子，第四年产生孢子能力减弱，到第九年仍有少量孢子器能产生孢子。④苹果轮纹病的发生和流行与气候、品种、树势等因素有密切关系。在高温多雨地区或降雨早、降雨频繁的年份发病重；果实成熟期遇高温、干旱天气时病害加重；留果超量、树势衰弱时易发病；土壤黏重、排水不良或瘠薄的平原土地上发病率较高。

苹果轮纹病的防治措施：①栽培管理中维持合理负载、多施有机肥，氮、磷、钾合理配比，可增强抗病能力。②冬季结合修剪清园剪除病枯枝、刮除枝干病瘤收集烧毁；早春给主干病处重刮皮、清理越冬病源、全树喷布5波美度石硫合剂或80倍液腐必清乳油，均有较好防治效果。③谢花后及早喷布药剂保护幼果，即从落花后到8月上旬期间，每隔15~20天的降雨之前喷洒一次保护剂或内吸性杀菌剂，生长季节共喷布5~7次，同时注意药剂间的交替使用（近几年筛选的有效防治药剂有70%甲基硫菌灵可湿性粉剂800倍液、50%扑海因可湿性粉剂1 500倍液、80%喷克可湿性粉剂800倍液、30%含井冈霉素的复方多菌灵悬浮剂500倍液、50%或70%国产代森锰锌可湿性粉剂500倍液、25%炭特灵600~800倍液、70%乙锰合剂300~400倍液、1：2：240倍波尔多液）。④果实套袋，果实套袋阻挡了病菌的侵入，是防治红富士苹果轮纹病经济有效的方法，但必须在果实套袋前喷上杀菌剂。

111. 如何识别和防治苹果干腐病？

苹果干腐病也是苹果的主要病害之一，它的为害症状和腐烂病相似，除了为害主侧枝以外，还为害主干、小枝和果实。衰弱的老树和定植后管理不善的小树较易受害。

苹果干腐病的发病规律及症状：①幼树染病多在定植不久的缓苗期。首先在嫁接口部位产生红褐色或黑褐色病斑并沿树干向上扩展，严重时幼树干枯死亡，病部出现很多稍突起的小黑粒点，即病菌的分生孢子器。②大树发病初期在树干上形成不规则红褐色病斑，表面湿润，病部溢出茶褐色黏液后病斑扩大，被害部水分逐渐散失，形成黑褐色有明显凹陷的干斑；病部产生很多稍突起的小黑粒点，成熟后突破表皮外露，粒点小而密、顶部开口小是与腐烂病明显的不同之处。③果实染病初期为黄褐色小斑，逐渐扩大为同心轮纹状，条件适宜时病斑迅速扩展，数天内全果腐烂。④干腐病病原也是弱寄生菌，干旱年份或干旱季节发病重，树皮水分低于正常情况时病斑扩展迅速；地势低洼积水、降雨不匀、土壤肥水管理不善、盐碱重、伤口多、结果多时，均有利于干腐病发生。

苹果干腐病的防治措施：①栽培管理中增强树势，改良土壤以增强保水能力，旱季灌溉、雨季防涝可防病。②保护树体不受冻害及虫害，对已经出现的枝干伤口涂药保护、促进伤口愈合也可防病。③苗木定植时，以嫁接口与地面相平为宜。及时检查并刮去上层病皮，同时涂 70％甲基硫菌灵可湿性粉剂 100 倍液等消毒剂保护。

112. 苹果干腐病与腐烂病有何区别？

苹果干腐病与腐烂病症状很相似，均能造成枝干皮层腐烂，枝条枯死或枝干死亡并在病斑表面形成小黑点。两者的不同之处有 5点：①干腐病病斑皮层不容易烂透，腐烂病病斑皮层易烂透。②干腐病病部无气味，腐烂病有很浓的酒糟味。③干腐病表面有纵横裂纹及"油皮"，腐烂病病斑边缘开裂无"油皮"。④干腐病病斑黑点小而密，腐烂病病斑黑点大而疏。⑤潮湿时干腐病病斑黑点上溢出灰白色黏液，腐烂病小黑点上会溢出橘黄色丝状物。

113. 苹果炭疽病的症状、发病规律及防治措施是什么？

苹果炭疽病又名苦腐病、晚腐病，是苹果的主要果实病害之一，在夏季高温、多雨、潮湿地区发病严重。

苹果炭疽病的症状：①主要危害果实，最初在果面上出现淡褐色小斑点，圆形、边缘清晰，之后逐渐扩大成褐色或深褐色病斑，病斑表面凹陷，病果肉茶褐色、软腐、微带苦味，呈漏斗状向内腐烂且与好果肉界限明显。②病斑自中心向外生成同心轮纹状排列的黑色小粒点，天气潮湿时黑点处溢出粉红色黏液；病果上的病斑数目多者可达数十个但只有少数病斑扩大，其他的病斑仅限于 1～2 毫米大小、呈褐色至暗褐色稍凹陷的干斑。③晚秋染病时，病斑多为深红色小斑点；继续扩大的病斑可烂到果面的 1/3～1/2，几个病斑相连后使全果腐烂；病果腐烂后会失水成黑色僵果，其中大部分会脱落；果实近成熟期时病斑往往经七八天就会使果面烂达一半并大量落果。④病菌还侵染小枝条、果台的衰弱枝基部，其外部无明显症状，却为重要侵染源。

苹果炭疽病的发病规律：①病菌以菌丝态在病弱枝、病僵果、干枯果台及刺槐树上越冬；次年春，越冬病菌在适宜的条件下形成分生孢子而作为初次侵染源；分生孢子形成的适宜温度为 25～30℃，相对湿度 80％以上。②一般年份的 5 月下旬至 9 月上旬均有散发的孢子经皮孔直接侵入果实，5～10 小时即可完成侵染过程；分生孢子借雨水、昆虫传播，在北方果区苹果坐果后（5 月中旬）即开始侵染，果实迅速膨大期（6、7 月份）为侵染盛期；病菌侵入后可处于潜伏状态，一般情况下，7 月中旬至 8 月高温多雨季节为发病盛期，每次降雨都会形成一个发病高峰，阴雨连绵发病更重。③最早出现的病果多在僵果、干枯枝等病菌越冬部位附近，病果在树冠中的分布以越冬源为中心，向下呈伞状扩散蔓延，形成中心病株后再向四周果树扩散危害；病果携带多达上亿个病原孢子，在生长季节可产生 4～5 代分生孢子继续侵染。④地势低洼、土壤黏重、排水不良、肥水不足、树势衰弱的果园发病较重；反之则轻。修剪粗放、树冠郁闭、树上干枯枝和病僵果多的果园发病重；反之则轻。

苹果炭疽病的防治措施：①结合冬剪于冬季或早春认真清除树上病僵果、死果台、病枯枝、爆皮枝以减少初侵染源；夏秋季及时摘除发病果以防止再侵染；避免用刺槐作果园防风林以减少病菌来源。②栽培管理中应深翻改土、增施农家肥、控制结果量以增强树势和抗病能力；细致修剪，改善树体通风透光条件，及时排水以降低果园湿度，同时加强对潜皮蛾、白粉病等病虫害的防治，可有效防止此病危害。③对发病严重园片发芽前喷布 5 波美度石硫合剂，铲除越冬病源；从幼果期（5 月中旬）开始喷药，对中心病株及重病区要优先打好封闭药；根据病害发生情况，15～20 天喷药 1 次（生产上常用药剂有波尔多液、95％三乙磷酸铝 800 倍液、50％退菌特 600 倍液、80％炭疽福美 1 000 倍液、10％双效灵 300 倍液、50％多菌灵 500～600 倍液、无毒高脂膜 300 倍液等）；应特别注意波尔多液与退菌特交替使用时需间隔 20 天以上，否则会发生药害；在多雨季节每次喷药时加入 3 000 倍液皮胶或 1 000 倍液 "6501" 黏着剂（化学名称为椰子油脂肪酸二乙醇酰胺）可减少雨水冲刷，延长药效。

114. 苹果根腐病的症状、发病规律及防治措施是什么？

苹果根腐病通称烂根病，是一类比较难诊断、难防治的病害。

苹果根腐病的症状：苹果根部受侵害后，地上部表现生长衰弱、叶小色黄、徒长枝不直立，先端逐渐枯死以至全株死亡。其根部症状有下列 4 种：①白绢病，初期在离地面 5～10 厘米深的根颈部出现褐色病斑，逐渐环绕根颈扩展至皮层腐烂，有较浓的霉臭味并会流出褐色汁液，病皮表生一层白色绢丝状菌丝，后在菌丝层中和根颈周围的土缝中形成很多油菜籽状的菌核。②白纹羽病，初期细根霉烂，后期扩展到粗根，表面缠绕灰白色丝网，后期霉烂的根皮层如鞘状套于木质部。③紫纹羽病，病根表面缠绕有紫红色、丝网状菌索及菌丝膜，根系腐烂情况同白纹羽病。④根朽病，主要危害根颈部及粗根；在皮层内、皮层与木质部之间充满白色至淡黄色的扇状菌丝层，使皮层分离为多层的薄片，皮层与木质部先后腐朽；夏季多雨季节，根颈部位或露出土面的病根上，常有丛生的黄蜜色蘑菇状的子实体。

苹果根腐病的发病规律：①白绢病菌以菌丝态在病树根颈部或以菌核在土壤中越冬，通过流水、苗木及菌丝蔓延传播，4～10月份侵染发病，7～9月份为发病盛期；菌核多分布于距地表5厘米的上层中，在地面杂草、落叶、落果上也能形成大量菌核；病树多在夏季突然枯死，10年生以下的树易发病，以1～3年生的幼树最易发病；海棠砧比山定子发病重。②白纹羽病和紫纹羽病病原以菌丝体、根状菌索或菌核的形态随病根在土壤中越冬，可在土壤中存活数年；病、健根接触可传病，土壤黏重、积水利于发病；整个生长期都可发病，6～8月份为发病盛期。③根朽病菌以菌丝体在病树根部或随病残体在土壤中越冬，病菌寄生性较弱，可在病残组织内长期存活；病害在田间主要靠病根与健壮根接触传染；一般幼树很少发病，成年树特别是老树较易受害，沙土地果园发病较重。

苹果根腐病的防治措施：①深翻、增施有机肥，改善土壤结构，保证根系正常生长。②修好防涝排水系统，避免水害烂根；烂根较多的果园，应在早春扒开主根周围土壤晾根，雨季来临以前再培土防涝。③栽植时严格检查淘汰病苗，对有染病嫌疑的苗木将病部放入500倍甲基硫菌灵液中浸渍10分钟后栽植。④及时治疗，一方面要将烂根附近的土壤扒开，把腐烂根剪除、把局部腐烂根皮刮除，然后喷药消毒（常用药有2%的硫酸铜液、5波美度石硫合剂、250～300倍的五氯酚钠液、50%退菌特可湿性粉剂200倍液、

70％的甲基硫菌灵1 000倍液），最后每株再施 5～7.5 千克草木灰，用无病土或药土覆盖。另一方面要嫁接新根并用钉子固定，或者在病树周围栽植幼树后把幼树主干接到病树主干上，加速病树恢复和生长；病株处理及施药时期，上半年在 4～5 月份，下半年在 9 月，也可在休眠期。⑤不要在果园周围栽植刺槐，以免紫纹羽病菌传入果园；对土壤中主要以菌索传播的紫纹羽病、白纹羽病和根朽病等，可在病树或病区周围挖 80 厘米以上的深沟加以隔离，防止病菌向健康树或无病区蔓延扩散。⑥防治主要以菌核传播的白绢病等，要尽力避免菌核随灌溉水传播。

115. 苹果霉心病的症状、发病规律及防治措施是什么？

苹果霉心病又叫心腐病、黑心病、果腐病或霉腐病。近年来的病害有加重趋势，造成了重大损失。

苹果霉心病的症状：①病果外观与正常果不易区别，感染后呈现霉心和心腐两种症状。②霉心果果心处出现橘红、墨绿、黑灰和白色霉状物，不腐烂；发病严重时，树上果实稍有变形，提早着色，提早脱落。③心腐果从心室壁腐烂并向外蔓延，果心和果肉腐败变质。④贮藏中的病果，胴部出现不规则的褐色水渍状病斑并逐渐连成一片，最后全果腐烂，果肉呈褐色，味苦。⑤霉心病是由多种弱寄生菌混合侵染所致，在这些真菌中，粉红单孢菌在果心生成粉红色的霉状物，交链孢菌和镰刀菌则生成黑、灰色霉状物。

苹果霉心病的发病规律：①病菌在树上的病僵果、干枯果台等处越冬，当苹果花朵开放后，周围环境中广泛存在的各种真菌孢子借助气流侵染花器组织，以后从干缩的花器经萼筒向果心蔓延，在条件适宜时引起果实发病。②病菌孢子自开花到果实采收期间均可侵染，花期侵染率稍高；病菌进入果心最早为 5 月下旬，幼果期侵染率高，6 月下旬以后侵染率稍低。③不同品种的果实形态结构中，凡果实萼筒长、开口大、与心室相通的品种，感病都重。④果实不同着生状况中，边果发病率低于中心果，双果低于单果，三果又低于双果；着生方向及部位与发病无明显关系。

苹果霉心病的防治措施：①加强管理，控制氮肥，增施磷、钾肥料，合理留果，增强树势可防病。②随时摘除病果，搜集落果，秋季翻耕土壤，冬季剪除树上的病僵果、干枯果台集中烧毁也可防病。③在苹果树发芽前喷布 5 波美度石硫合剂；蕾期、初花、谢花及花后 10 天，分别喷一次杀菌剂可阻止病菌孢子侵入危害；果实生长中后期，结合其他病害防治喷布 2～3 次杀菌剂（常用药剂有 15％三唑酮可湿性粉剂 1 000 倍液、70％甲基硫菌灵 1 000 倍液、50％退菌特 600～800 倍液、50％扑海因 1 000～1 500 倍液、10％多氧霉素 1 000～1 500 倍液、3％多抗霉素 200～300 倍液）。④落花后 10 天立即疏果并给幼果套纸袋，可达到防病和提高果实品质的双重效应。⑤果实入库前精心挑选淘汰病果并用 50％多菌灵 500 倍液或 70％甲基硫菌灵 500 倍液浸果 1～5 分钟；用 50％甲基硫菌灵 300 倍液喷布杀菌后用硫磺粉（20～25 克/米³）熏库；控制库温在 1～2℃；经常检查，根据病情安排出售计划。

116. 苹果疫腐病的症状、发病规律及防治措施是什么？

苹果疫腐病又称冠腐病、实腐病、颈腐病，主要为害果实、根颈及叶片。

苹果疫腐病的症状：①果实受害后，果面出现不规则形、深浅不匀的暗红色、边缘不清晰似水渍状病斑；果肉变褐腐烂后，果形不变呈具有弹性的皮球状；病果极易脱落，最后干缩成僵果；在病果伤口处可见白色绵毛状菌丝体。②叶片受害产生不规则的灰褐色或暗褐色水渍状病斑，多从叶边缘或中部开始，潮湿时病斑迅速扩展使全叶腐烂。

苹果疫腐病的发病规律：①发病温度为 10～32℃、最适为 25℃，在 35℃以上即逐渐死亡。②采收前 1 个月连续 1 周阴雨天是诱导发病的基本条件。③果实整个生长期均能受害。雨水大的年份发病重，雨后高温是诱导发病的重要特征，尤其叶部表现为雨后集中大量落叶。④主要为害树冠下部果实，一般接近地面的果实先发病；果实距地面1～1.5米仍可发病，但以距地面60厘米以下为多；病斑也多从下部发生，病果易脱落、极少数在树上成僵果；果园受侵染后，其果实贮藏期易腐烂；在土壤积水的情况下，病菌可侵染根颈部皮层伤口，造成根颈部腐烂。

苹果疫腐病的防治措施：①发病果园要及时清理落果并摘除树上病果、病叶，集中深埋。②病菌以雨水飞溅为主要传播方式，提高结果部位和地面铺草可减轻为害。③改善果园生态环境，排除积水、降低湿度，保持树冠通风透光可有效控制病害。④已发病的果园可喷"抑菌特"（72％福·福锌）1 000倍液＋30％己唑醇水分散粒剂5 000倍液或80％戊唑醇水分散粒剂7 000倍液防止蔓延。

117. 苹果花腐病的症状、发病规律及防治措施是什么？

苹果花腐病主要为害花、叶、幼果及嫩梢，花和幼果发病重。

苹果花腐病的症状：①叶腐，叶片染病时，初在中脉两侧、叶尖或叶缘出现浸润状褐色圆斑或不规则形小斑点，扩展后多沿脉从上向下蔓延至病叶基部，致叶片萎蔫或腐烂；空气湿度大时病斑上产生灰霉（即病菌的分生孢子和分生孢子梗）。②花腐，花丛中的叶片染病时，常蔓延到叶柄基部，菌丝从花丛基部侵入使花梗染病变褐或腐烂，病花或花蕾萎蔫成花腐。③果腐，病原菌由花器柱头入侵后，蔓延到胚囊内经子房壁侵入果实表面，当果实长至豆粒大小时，病果果面现出水浸状溢有褐色黏液的褐斑并产生发酵气味，严重时幼果果肉变褐腐烂成果腐或失水成僵果。④枝腐，病原菌蔓延至新梢后致其产生褐色溃疡斑，当病斑绕枝一周时致病部以上枝条枯死，造成枝腐。

苹果花腐病的发病规律：①花腐病菌核在落地病果、病叶和病枝上越冬，次年春季土温2℃、相对湿度30％以上时菌核萌发，子囊孢子成熟后随风侵染嫩叶和花器。②病花产生分生孢子并从雌蕊柱头侵入引起果腐，果腐9～10天后引起枝腐。③菌核在病僵果中越冬；春季苹果萌芽展叶时若遇连续 30%～40% 土壤含水量和 5℃以下气温，有利于菌核萌发和子囊孢子的形成与传播侵染；低温能使花期延长而增加侵染机会。④山地果园较平原地发病重，土壤黏重、排水不良的果园发病重，苹果各品种间感病性存在差异。

苹果花腐病的防治措施：①栽培管理中合理整形修剪，保持良好的通透性；增施有机肥及平衡施肥，增强树势及其抗病力。②秋末冬初清园时彻底清除树上树下病果、病枝及病叶，集中烧毁；冬季深翻土地，特别是树盘周围土地。③各品种搭配，避免栽植单一品种。④萌芽前喷一次 5 波美度石硫合剂，花露红期喷 70% 代森锰锌可湿性粉剂 500 倍液或 30% 己唑醇水分散粒剂 6 000 倍液，发病初期喷 80% 戊唑醇水分散粒剂 8 000 倍液。

118. 苹果褐斑病的症状、发病规律及防治措施是什么？

苹果褐腐病是果实成熟期和贮藏期常见的病害，尤以果实成熟期前后雨水多的地区发病较重。

苹果褐腐病的症状：①病原菌主要危害近成熟期果实，病果面多以伤口为中心形成褐色病斑，湿润腐烂；随后从病斑中心长出一圈一圈的黄褐色至灰褐色绒球状菌丝团，上覆粉状物（病菌的子实体）并很快扩展及全果。②病果质地较硬，按之有弹性，具土腥味，失水后变成黑色僵果。③贮藏期发病时，因不见光，病果表面不产生绒球状子实体。

苹果褐腐病的发病规律：①病菌主要以菌丝态在病果（僵果）上越冬，次年春季形成分生孢子并借风雨传播；孢子萌发后通过伤口及皮孔侵入。②果实近成熟期（9～10 月份）为发病盛期，贮藏期可继续发病，高温高湿适宜发病。③前期干旱而后期多雨时，晚熟品种裂口常引发该病。④病菌最适温度为 25℃，在 0℃下病菌也可活动扩展。

苹果褐腐病的防治措施：①清除树上和树下的病、僵、落果，秋末或早春翻耕土壤以减少病源。②在病害盛发期的 9 月上中旬和

10 月上旬喷 2 次 50％甲基硫菌灵可湿性粉剂 800 倍液或其他杀菌剂。③在果实采收、贮运过程中避免挤压碰伤，严格捡除虫果、伤果。④贮藏期保持温度 1～2℃，相对湿度为 90％。⑤果实采收后用甲基硫菌灵（100 克/100 千克）浸渍果实防病。

119. 为什么发生褐斑病后不能喷施波尔多液？

原因主要有两个：一是因波尔多液属于单纯的保护性药剂，对感病叶片没有治疗效果，喷施波尔多液相当于人工降雨，会增加园内湿度，加重病害传播；二是波尔多液对叶片有皂化作用，可封闭叶片气孔，影响叶片光合作用，使叶片干燥变脆，导致感病叶片脱落。所以果树发生褐斑病后一定不能喷施波尔多液。

120. 苹果赤星病的症状、发病规律及防治措施是什么？

苹果赤星病又称锈病、梨锈病、羊胡子、苹桧锈病。主要为害幼叶、叶柄、新梢及幼果等幼嫩绿色组织。桧柏是该菌的转主寄主。

苹果赤星病的症状：①叶片染病时初在叶面产生直径 1～2 毫米油亮的橘红色小圆点，随后病斑逐渐扩大，中央长出许多黑色小点（即病菌性孢子器），继而形成性孢子并分泌黏液，黏液逐渐干枯后性孢子则变黑，病部变厚变硬，叶背隆起，长出许多丛生的黄褐色毛状物（即病菌锈孢子器），内含大量褐色粉末状锈孢子。②叶柄染病时，病部呈纺锤形橙色稍隆起，上面着生性孢子器及锈孢子器。③新梢染病时，初与叶柄受害相似，后期病部凹陷、龟裂，易折断。④果实染病时，多在萼洼附近出现直径 1 厘米左右的橙黄色圆斑，后变褐色，病果生长停滞，病部坚硬呈畸形。⑤锈菌只侵染桧柏的小枝，染病后在小枝一侧形成直径 3～5 微米的半球形或球形瘿瘤；瘿瘤初平坦，后中心部略隆起，破裂、露出冬孢子角；冬孢子角深褐色、鸡冠状，遇阴雨吸水膨大呈胶质花瓣状。

苹果赤星病的发病规律：①病原以菌丝体在桧柏枝上的菌瘿里

或以桧柏体表的锈孢子越冬，次年春季菌瘿产出冬孢子，萌发后形成担孢子随风传播，有效传播距离 1.5～5 千米；落在果树上的孢子萌发后直接从叶片表皮细胞或气孔侵入，潜育 10～13 天后形成性孢子及锈孢子；担孢子每年侵染一次；秋季锈孢子成熟后随风传播到桧柏上形成菌瘿越冬。②发病状况与转主寄主的品种及群体大小、距离和当时的气候条件有关；在担孢子传播的有效距离内，一般是桧柏多，发病重；在有桧柏的条件下，早春多雨、多风、温度 17～20℃发病重，反之则轻；冬孢子发芽适温 16～22℃，最高 30℃，最低 7℃；锈孢子发芽温度 5～25℃，适温 20℃；担孢子形成的温度为 24℃以下。

苹果赤星病的防治措施：①彻底清除距果园 5 千米以内的寄主——针叶型桧柏，切断侵染循环。②早春剪除桧柏上的菌瘿并集中烧毁或喷药抑制冬孢子萌发；春雨前在桧柏上喷洒 3～5 波美度石硫合剂，也可在秋季喷 80%戊唑醇水分散粒剂 8 000 倍液保护桧柏以防锈病侵染。③花前、花后各喷一次 80%戊唑醇水分散粒剂 8 000 倍液或 30%已唑醇水分散粒剂 6 000 倍液抑制侵染。

121. 苹果白粉病的症状、发病规律及防治措施？

苹果白粉病是果树生长前期的一种主要病害，近年来在我国苹果主产区的危害有加重趋势。

苹果白粉病的症状：病原主要危害叶片、嫩梢、花和幼果。①叶片被害后出现如覆盖白粉状的白色斑块，严重时枝条短缩，叶片细长萎缩并丛生，后期在病斑上生出很多密集的小黑点，有碍叶片的光合作用。②休眠芽被害后外形瘦瘪，顶端尖细，鳞片松散，有的病芽鳞片不能合拢；病芽表面茸毛稀少，呈灰褐至暗褐色，严重时干枯死亡。③染病花芽萌发后，花梗和萼片畸形、花瓣狭长、布满白粉、花丛枯萎、不能坐果；严重时花芽干枯死亡。④病果多在果顶处产生白粉并呈"锈皮"症状，花梗被害后幼果会萎缩早落。

苹果白粉病的发病规律：①病菌以休眠菌丝态在苹果芽的鳞片间或鳞片内越冬；顶芽的带菌率高于侧芽，第四侧芽以下基本不带菌；短果枝、中果枝及发育枝顶芽的带菌率依次递减，秋梢的带菌率高于春梢。②在芽形成的过程中，病叶、病梢上的菌丝或分生孢子在外部鳞片未完全合拢前侵入芽内，当春季芽体萌动时，就会遭遇菌丝产生的分生孢子侵染；分生孢子由气流传播，气温 21～25℃、相对湿度 70％时利于孢子繁殖与传播；4～9 月份是病菌侵染期，5～6 月份为侵染盛期；春季温暖、干旱时利于病害的前期流行；夏季凉爽、秋季晴朗时利于后期发病。③果园栽植密度大、偏施氮肥、树冠郁闭、枝条纤细、生长衰弱时果树发病重；修剪方式中轻剪、长留长放利于保留带菌顶芽，导致白粉病加重。

苹果白粉病的防治措施：①早春发芽前彻底剪除病梢的顶芽及其以下的三四个芽，减少越冬病源；苹果展叶至开花期，及时剪除新病梢、病叶丛、病花丛，集中烧毁或深埋。②栽培管理中增施农家肥和磷、钾肥，不偏施氮肥；合理密植，疏除过密枝条以促枝条健壮、树冠通风透光，增强抗病能力。③苹果芽萌动前喷布 5 波美度石硫合剂，花前、花后各喷一遍 0.3～0.5 波美度石硫合剂；也可选用 40％硫磺胶悬剂 200 倍液、50％甲基硫菌灵 800 倍液、15％三唑酮（也叫粉锈宁）1 200倍液，自现蕾期开始喷药，每半月 1 次，共喷 2～3 次。这样基本能控制危害。

122. 防治细菌性病害有哪些药剂？

目前防治细菌性病害的药剂主要有叶枯唑、三氯异氰尿酸、氯溴异氰尿酸、噻唑锌、铜制剂、农用链霉素、中生菌素等。

123. 哪些因素易引起苹果非病害性早期落叶？

引起苹果非病害性早期落叶的因素：①虫害，害虫中主要有金纹蛾、潜叶蛾、舟形毛虫、金龟子、梨花网蝽、红蜘蛛、白蜘蛛等可引起早期落叶。②果园作业失误，包括打药时加大浓度导致的药害、施用化肥（尤其氮肥）过量或离根过近导致的肥害、疏花定果、拉枝拿枝等擦蹭造成的落叶。③不良环境因素中旱灾与涝灾、光照不良、雹灾、缺素等造成的落叶。

124. 造成苹果采前落叶的原因有哪些？防止采果前落叶的措施有哪些？

引起苹果树提早落叶的原因：生产中主要有旱涝和病虫害两类。①土壤干旱缺水可引起早落叶。一般在枝梢基部和冠内叶丛枝上的叶片先变黄而后脱落；不同品种树的耐旱力不同，元帅系品种耐旱力差，旱时落叶早、落叶重；国光、富士等品种耐旱性较强，旱时落叶程度较轻。②雨涝导致土壤长期积水时根系呼吸受抑制损害引起早落叶。因涝落叶在树冠中分布范围广，但往往在树冠的中、内部落叶较重。③病虫害造成早期落叶。因红蜘蛛、潜叶蛾危害或感染早期落叶病、白粉病等可直接引起早期落叶，落叶的时间、程度因病虫害的种类不同而异；根系病害或枝干病害可间接引起早期落叶，落叶时间、程度与病害发生程度相一致，一般先萎黄而后脱落。

早期落叶对苹果树的为害：①局部性落叶一般只对落叶部位的果实生长不利；②大量的提早落叶则对整个树体的生长结果严重不利，落叶愈早，危害越重；③提早落叶的危害表现常与年周期中的物候期相一致。在新梢速长期前落叶不利于枝梢的加长和加粗生长；在花芽分化前落叶不利于花芽分化，会减少成花量；在果实速长期前落叶不利于果实发育，降低产量和品质水平；秋季提早落叶还会引起二次开花，减少树体的贮藏养分，削弱树势，继而减少次年产量并加重枝干病害。

防止采果前落叶落果的措施：①栽培管理中，增施有机肥、施配方肥，提高树体贮藏营养水平，健壮树势，促进叶片的良好发育。②严格疏果、合理负载，增大叶果比。③严防环剥过度，避免严重削弱树势。④抓好病虫害早期防治。⑤防止采前落果，一般是在果实采收前30～40天用96％防落素可湿性粉剂32 000～48 000倍液或1％防落素乳油500倍液喷雾，10～15天后再喷1次。也可用80％萘乙酸可湿性粉剂20 000～40 000倍液喷雾两次，第一次在采收前30～40天，第二次在采收前15～20天。⑥对采前有落果习性的品种适期采收。

125. 苹果干眼烂果病（灰霉病）的症状、发病规律及防治措施是什么？

苹果干眼烂果病又称灰霉病，主要为害果实，也为害叶及嫩枝。

苹果干眼烂果病的症状：①果实染病时，未成熟果实易受害，果皮呈灰白色至灰褐色水渍状不凹陷病斑，后扩大为黄褐色并软腐，潮湿时表面生灰色霉层（即病菌分生孢子梗和分生孢子），严重时全果腐烂；后期病果上可产生不规则形黑色菌核。②叶片染病时产生褐色斑点，渐扩大，表面生少量灰霉。③嫩枝染病时腐烂，枝上着生叶片常早期脱落。

苹果干眼烂果病的发病规律：①以菌核在土壤中或以菌丝及分生孢子在病残落叶上越冬，次年春季条件适宜时菌核萌发产生菌丝体和分生孢子，借气流、雨水传播。②病菌发育温度 2～31℃，最适温度 20～23℃，相对湿度持续 90％以上时易发病；早春低温、高湿、光照不足时利于发病。③栽植过密、灌水过多、管理粗放时发病重。

苹果干眼烂果病防治措施：①栽培管理中，低洼积水地及时排水，合理修剪保通风透光。②秋末冬初修剪除掉病残枝、病叶及病果，集中深埋或烧毁。③发病初期喷"抑菌特"（72％福·福锌）1 000 倍液或 70％甲基硫菌灵 1 000 倍液，隔 10 天左右 1 次，共 3～4 次。

126. 苹果青霉病的症状、发病规律及防治措施是什么？

苹果青霉病又称水烂病，为害近成熟和成熟期果实。

苹果青霉病的症状：发病初期，果实局部腐烂，果面出现淡褐色圆形水渍状病斑并成圆锥状深入果肉，条件适宜时 10 余天即致全果腐烂；湿度大时，病斑表面有小瘤状霉块，菌丝初白色，后变为青绿色粉状物（即分生孢子梗和分生孢子），易随气流扩散；腐烂的果肉有强烈的霉味。

苹果青霉病的发病规律：①发病主要在贮藏运输期间，病菌一般经伤口侵入，也可由果柄和萼凹处侵入，很少经果实皮孔侵入。②病菌孢子能忍耐不良环境条件、随气流传播，病果与健康果接触也可传病；分生孢子落到果实伤口上会迅速萌发侵入而致果肉软腐。③气温25℃左右发病最快，0℃时侵入的菌丝也能缓慢生长使果子病斑腐烂继续。④贮藏期库温较高时病害扩展快，在冬季低温下病果数量增加很少；分生孢子萌发温度为3～30℃，适温15℃，相对湿度大于90%不能萌发，最适pH为4；菌丝生长温度范围为13～30℃，适温20℃；用塑料袋装贮时发病多。

苹果青霉病的防治措施：①青霉病菌多从伤口侵入，因此在果实采摘、堆放、分级、搬运及贮藏过程中，要尽量避免损伤，发现伤果要及时捡出。②入库前对果库消毒，贮藏期间控制库内温度在1～2℃范围内，经常检查并及时捡除烂果。③苹果采收后用70%甲基硫菌灵800倍液、50%多菌灵可湿性粉剂1 000倍液浸泡5分钟再贮藏。④采用单果包装，提倡采用气调控制贮藏温度为0～2℃、氧气为3%～5%、二氧化碳为10%～15%。

127. 苹果黑点病的症状、发病规律及防治措施是什么？

苹果黑点病的症状：①发病初期，果实萼洼周围出现针状小黑点并逐渐扩大，有的如芝麻粒大，有的如绿豆粒大，还有的在黑点上有一小白点。②病斑只发生在果实表皮，不会引起果肉溃烂。

苹果黑点病的发病规律：①粉红聚端孢霉菌和镰孢霉菌可侵染果面引发黑点病，花萼处受盲蝽象危害会造成黑点病。②缺钙、缺硼能引发黑点病，有苦痘病的园片必然有黑点病。③乳油类或颗粒粗、悬浮率差的药剂在套袋前使用可引发或加重黑点病。④黑点病上的白粉不是康氏粉蚧（康氏粉蚧为害的果实不引起黑点），但能污染果面。

苹果黑点病的防治措施：不同部位及不同时期形成的黑点病病因不同，防治措施也要相对应。①花萼处的黑点病可用 6 000 倍液啶虫脒及时喷雾杀灭盲蝽预防。②幼果期就在果面表现出来的散生黑点，一般是可湿性粉剂、乳油造成皮孔伤害引起的，可选用分散性更好的药剂预防。③幼果期不表现，而后期才发现并在周围有红色晕圈的黑点，主要是缺钙造成的，可在春天果树发芽前后以硝酸钙从地下补钙（施用过早会被土壤固定失效）预防。

128. 苹果红点病的症状、发病规律及防治措施是什么？

苹果红点病的症状：在苹果摘袋后的向阳果面上呈许多针状小红点。

苹果红点病的发病规律：①果面上的红点主要由来自秋梢生长期（8 月中旬至 9 月上旬）侵染叶片的斑点落叶病菌侵染引起，病菌孢子借风雨或气流传播、借雨露雾水萌发；9 月中旬至 10 月上旬是该病菌一年中第二个分生孢子散发期，这时正在摘袋又没有及时防治的果园在果实摘袋后会很快被侵染出现红点。②果实生长后期施用高氮含氯肥时易烧根并削弱树势，继而会加重红点病。③过度环剥、用锯环割、果园积水烂根、树势弱的果园也会加重红点病。

苹果红点病的防治措施：①重视秋梢生长期对斑点落叶病的防治。②苹果摘袋前一周喷内吸性杀菌剂，天气干旱时浇水后再喷药可增强防治效果。③苹果摘袋后 2 天以内，喷 3.5%多抗霉素水剂 1 000 倍液或纯品佳托悬浮剂 1 500 倍液。

129. 苹果苦痘病和痘斑病的症状及防治措施是什么？

苹果苦痘病和痘斑病的病因及症状：①苹果苦痘病、痘斑病均是由缺钙引起的生理性病害，多发生在近成熟期和贮藏期。②苦痘病发生初期以皮孔为中心出现颜色较深的圆斑，在红色果面成暗红色、在黄绿色果面为深绿色，多发生在顶部和肩下半部，四周有深红或黄绿色晕圈，随后病部表皮坏死形成直径 2～10 毫米的褐色凹斑，严重时病斑布满整个果面；病斑皮下组织褐色坏死呈海绵状并有苦味。③痘斑病多发生在果实向阳面，果顶症状多而肩部少，初期以皮孔为中心形成直径 5 毫米的小黑点（褐色至暗褐色），周围有紫红色晕圈，后期病斑成暗褐色。

苹果苦痘病和痘斑病防治措施：①栽培管理中增施农家肥或商品有机肥，不要施用未经腐熟的畜禽粪，也不要偏施和晚施氮肥，保持树势中庸或生长发育均衡；合理修剪，合理灌水，防止根区土壤铵态氮过量积累，雨季及时排水。②在给土壤补钙的基础上，自谢花后第一遍喷药开始，结合喷施流体钙液，套袋前喷 3 次，套袋后再喷两次。

130. 苹果日烧病的症状和防治措施是什么？

苹果日烧病的病因及症状：①这是由阳光直射灼伤果面的一种生理性病害，多发生在树冠向阳面无枝叶遮掩的果实上。②初期果皮颜色变淡呈灰白色，进而果皮变褐至红褐色坏死；后期由于杂菌感染，病斑表面有黑色霉状物，日烧病斑为圆形，平或略凹陷，只局限于果实浅层 0.5～1.5 毫米，不深入果肉。③刚套袋的幼果和秋季刚脱袋的果面易发病。

苹果日烧病的防治措施：①合理修剪，使果实有枝叶遮阳以免阳光直射果实。②套袋前或摘袋前视天气和土壤墒情浇水防旱以增强果实抗逆能力。③发病后立即喷氨基寡糖素 1 500 倍液。

131. 苹果裂果是怎么回事？如何预防？

苹果裂果是果实生长中后期的一种生理性病害，一般为果园前期干旱、后期雨水偏多时水分供应失调引起。果实迅速膨大期前干后涝时裂果更为严重。

预防裂果需要遇旱及时浇水、遇雨及时排水，保持果实在水分供应均一的情况下生长，避免果实含水量变化过大。另外，补充含钙肥料可明显减少裂果。

132. 缺硼引起的苹果缩果病有哪些症状？

苹果缩果病是一种缺硼引起的生理性病害，在果实上的症状主要有 3 种类型：①干斑型，多在落花后半月左右发病，初在幼果阴面出现近圆形褐色斑点，皮下果肉呈水渍状、半透明，有时溢出黄色黏液，后期果肉坏死、变褐至暗褐色，病部干缩凹陷，果实小而畸形并常早落。②木栓型，多在生长后期发病，初在果肉中出现水渍状病变，逐渐变为褐色海绵状；后期在萼筒基部出现木化组织并沿果心线扩展至果肉内部，呈放射状散布在维管束之间，木栓化部分味苦；发病早时果小、畸形、易落，发病晚时果形变化不明显，仅表面稍有凹凸变形。③锈斑型，多发生在感病品种上，主要特点是在果柄周围的果面上产生褐色、细密的横形条纹，常有裂口，果肉无坏死病变但松软无味。

133. 苹果贮藏期经常会发生哪些病害？

苹果贮藏期的病害主要有 3 种：一是病菌引起的轮纹病、炭疽病、青霉病等；二是生理性病害，包括斑点病、苦痘病、痘斑病等；三是低温伤害和二氧化碳中毒。

134. 苹果病毒病主要有哪些病毒种类、症状和危害？怎样传播和防治？

苹果病毒病中病毒的种类：苹果上已确认的病毒有 6 种，即苹果锈果病毒、苹果花叶病毒、苹果绿皱果病毒、苹果褪绿叶斑病毒、苹果茎痘病毒和苹果茎沟病毒。

苹果锈果病毒病症状：有锈果型、花脸型、复合型 3 种。①锈果型发病初期（谢花后 1 个月）在果面产生淡绿色水渍状病斑，随后逐渐沿果实纵向扩展并形成木栓化铁锈色条斑。②花脸型果实着色前无明显变化，着色后的果实散生许多近圆形的黄白色斑块，致使红色品种成熟后呈红、黄色相间的花脸状。病果病斑部分稍凹陷。③复合型病果表面出现既有锈斑又有花脸的复合症状。即果实着色前多为锈果型，成熟后多为花脸型。

苹果花叶病毒病症状：由于品种和病毒株系间差异呈 5 种类型症状。①斑驳型，先从小叶脉上发病，病斑为形状不规则，大小不一，呈鲜黄色、边缘清晰的斑驳。有时数个病斑融合成大块带状病斑。②镶边型，叶边缘形成一条很窄的黄色镶边状黄化带，病叶的其他部分完全正常。③环斑型，病叶上产生鲜黄色环状线纹斑、环状条纹或环斑。④花叶型，病斑不规则，有较大的深绿和浅绿相间的色变，边缘不清晰。⑤条斑型病，叶上产生黄色线纹斑，有时变色部分较宽成黄色条纹，有时主脉和小叶脉都呈现较狭窄的黄色，使整个叶片呈网纹状或仅主脉和侧脉黄化，形成带纹。

苹果绿皱果病毒病症状：有 3 种表现类型。①斑痕型，果面发生浓绿斑痕，斑痕中间木栓化。②凹陷型，病果可生长到正常大小，但因局部发育受阻或加快，使果面出现凹陷条沟或丘状突起，病变部分木栓化并产生粗糙果锈。③畸形果型，病果在谢花后 20 天左右时，果面出现大小不等、形状不规则、水渍状略凹陷的斑块；果实随着发育进程逐渐变得凸凹不平、畸形；7 月下旬以后，病部果皮呈铁锈、木栓化并产生裂纹。

苹果褪绿叶斑病毒病症状：一般栽培种感染褪绿叶斑病毒后无明显症状，但在木本指示植物苏俄苹果上，一般 5 月中下旬以后叶片上出现褪绿斑点并多发生在叶片的一侧，形状不规整、病株叶片较小，有的向一侧弯曲呈舟形或匙形，有的病株顶端枯死，枝叶丛生。

苹果茎痘病毒病症状：在感病苹果品种木质部产生茎痘斑，在敏感的梨品种上导致叶脉变黄，叶片上产生坏死斑，果实畸形等。

苹果茎沟病毒病症状：大多数苹果的栽培品种感染茎沟病毒后无症状；指示植物维琴尼亚小苹果感病后植株生长受阻、树势衰弱，叶片不同程度变黄。有资料显示栽培品种中 79.12% 带有茎沟病毒。

苹果病毒病的为害：病毒病对苹果树的为害有 8 个方面。①枝条发芽率一般减少 40% 以上，严重影响果树的花芽发育。②减少分枝能力。③嫁接不亲和。④萌芽率和花芽分化率明显降低。⑤生长量减少。⑥一般减产20％，严重时减产70％～90％。⑦一般染病毒病的果实含糖量减少30％～50％，各种营养成分含量减少60％以上，其他各种品质指标都同步下降。⑧导致果树需肥量增加，但是肥效却很差。

苹果病毒病的传播途径：①通过叶蝉、飞虱、蚜虫、盲蝽、介壳虫等有害昆虫传毒。②通过健康植株接受带毒植株花粉传毒。③通过带毒病株的汁液传毒。④通过植株间根系相互作用传播。⑤通过嫁接有毒的砧木或接穗传毒。⑥通过有病毒的土壤运移和带土移植传毒。⑦通过在果园使用的剪刀、锯、铁锹等工具直接传毒。⑧在果园吸烟可无意识的将烟草病毒传染到果树上。⑨果园四周的杂草是病毒的主要寄主之一，可以随水和昆虫传播到果树上。⑩未知传播途径，可能还有借风传播、树叶相互摩擦传播、雨水传播等。

苹果病毒病的防治措施：①管理果园时对有病毒病植株做好标记，单独实施修剪、施肥等管理措施。②及时防治蚜虫等传毒害虫。③施足有机肥、平衡施肥，加强栽培管理，以增强树势和树体抗病能力。④专用药防治。一是在春季3月中下旬树液流动后到开花前，将"病毒特"200克对水30千克在树冠外围向内1米范围内每株浇灌30千克药液，小树可以每棵树10千克药液，发病较重树体适当加量，间隔15天重复一次；二是将"病毒特"200克每袋对200千克水在叶面均匀喷雾，在开花前喷洒一遍，开花后连续喷洒两遍；三是用"病毒特"5倍药液均匀涂树干。

3.6.2 虫害防治

135. 果树害虫有哪些种类？各类害虫主要为害特点是什么？

果树害虫的种类：按其为害部位及为害方式可分为刺吸式类、蛀果类、食叶类、卷叶蛾类、潜叶蛾类、蛀干类六类。

具体归类的害虫及危害特点：①刺吸式类害虫包括蚜虫、介壳虫、盲蝽及害螨。这类害虫以刺吸式口器吸食果树叶片和果实等各个部位的汁液，能传播病毒病，同时对果树的光合作用也有不利影响。②蛀果类害虫包括桃小食心虫、梨小食心虫、苹小食心虫、梨大食心虫等。这类害虫将卵产在果实表面，幼虫孵出后直接钻到果内为害；由于这些害虫均隐藏在果内取食，药剂防治时间性要求特别严格。③食叶类害虫仅指直接取食叶片的毛虫、尺蠖、刺蛾及金龟子等。这类害虫直接啃食叶片，造成叶片缺失、空洞，严重时会吃光叶片。④卷叶蛾类害虫包括苹小卷叶蛾、顶梢卷叶蛾等。这类害虫在取食之前，先吐丝将单叶或多叶卷在一起，然后在卷叶中啃食叶片。⑤潜叶蛾类常见害虫有金纹细蛾、银纹潜叶蛾和旋纹潜叶蛾等。这类害虫是钻到叶片的表皮下，潜伏其中取食叶肉，被害部位只留下上、下表皮，严重时可造成早期落叶。⑥蛀干类害虫主要有天牛和吉丁虫。这类害虫以幼虫在树皮下或木质部串食为害并蛀成虫道，造成皮层脱落，枝干孔洞，破坏树干的形成层和输导组织，引起枝干或整树死亡。

136. 苹果花期前后主要有哪些害虫？

苹果花期前后的害虫主要有苹果金龟子、绿盲蝽、瘤蚜、绵蚜、叶螨、潜叶蛾、卷叶蛾、康氏粉蚧等。

137. 桃小食心虫的为害特点、发生规律和防治措施是什么？

桃小食心虫的危害特点：桃小食心虫简称"桃小"，俗称"豆沙馅"虫或"串皮干"虫。幼虫蛀入苹果1～2天后，会在果面上流出透明的水珠状果胶，俗称"流眼泪"，流出的果胶2～3天后即变白干硬。幼虫蛀入以后在果肉中纵横穿食，虫粪满果，形成"豆沙馅"。幼果受害时会使果面凹凸不平形成俗称的"猴头果"。

桃小食心虫的发生规律：①1年发生1～2代。以老熟幼虫做扁圆形冬茧在根颈、冠下、地埂边、包装场所越冬，树干周围1米以内，平地越冬茧约占80%以上，山地越冬茧约占50%以上；深度 1～7 厘米内越冬茧约占 80％。②越冬幼虫在翌年麦收前后土壤含水量达 8％、5 厘米地温在 18～22℃、气温在 19℃ 以上时，1～2 天内就可破茧出土，麦收前后 2～3 天内降雨达 10 毫米以上时也能出土。出土盛期一般在 6 月中下旬，从出土开始到结束需两个月。③出土幼虫隐藏在地表土块、石块、杂草处作纺锤形茧化蛹（蛹期 8～9 天），出土 16～18 天后成虫。④成虫多在晚间活动，白天潜藏于树干背阴面，化蛾后第二天夜间即产卵，卵多产在果实的萼洼处，极少数产在梗洼及叶背面；混栽果园卵多产在桃果上，其次为梨、苹果，单雌产卵约 40 粒。⑤产卵后 6～8 天即能孵化成幼虫，一般孵化率为 85％～99％，幼虫孵化后先在果面上爬行并选择蛀果部位，多数自背阴处蛀入。⑥7～8 月份为第一代幼虫为害期；7 月中旬到 8 月下旬为第一代幼虫老熟脱果期，脱果后多集中于树干四周入土结"蛹化茧"，也有部分做冬茧越冬，蛹期 13 天左右。⑦一般 8 月中下旬为第一代成虫期，其产卵量较越冬代显著增多，8～10 月份为第二代幼虫危害期，9 月下旬至 10 月上旬幼虫先后老熟脱果入土，也有一部分幼虫随果实转运别处。⑧桃小食心虫趋光性很弱，无趋化性，惟对人工合成"桃小"性外激素有极强的趋性，用其诱蛾效果很好。

桃小食心虫的防治措施：①防治原则是以地面防治为主，树上防治为辅。②地面防治即在越冬代幼虫出土初盛期，每亩用 200 克白僵菌高孢粉对水 100 千克、或每亩用 3％～5％辛硫磷颗粒剂 3～5 千克、或用地亚农乳剂或 50％辛硫磷乳油 100 倍液喷洒地面，随后浅锄耙平。③树上防治，一般带卵果率达 0.5％～1.0％时向树上喷药，危害严重的果园间隔 10 天连喷 2 次，常用 2.5％溴氰菊酯 3 000 倍液、或 20％速灭杀丁乳油 3 000 倍液、或 20％灭扫利 3 000 倍液、或 30％桃小灵乳油 2 000 倍液、或 25％桃小一次净 2 500 倍液、或 20％灭百克 3 000 倍液喷雾。④在桃小食心虫出土前向根颈周围压土或覆膜抑制幼虫出土。⑤利用桃小性外激素诱芯诱杀成虫，国产的性外激素诱芯含性外激素 500 微克，诱蛾的有效距离可达 200 米，诱芯低温（8℃）保存两年仍有诱蛾效果，已广泛应用于病虫测报及防治。⑥及时摘除虫果，清理地面落果，消灭下一代虫源。

138. 苹小食心虫的为害特点、发生规律和防治措施是什么？

苹小食心虫的危害特点：又称东北小食心虫、苹果蠹蛾，主要危害苹果、梨、山楂等。各地普遍发生，以幼虫在果实胴部皮下蛀食，一般不深入果肉；被害后果皮干枯，有粪便自入果孔排出。

苹小食心虫的发生规律：①1年发生2代，以老熟幼虫在树的主干、枝杈、根颈部粗皮缝隙处和剪锯口四周死皮裂缝内以及吊枝绳、果筐等处结茧越冬。②翌年5月下旬至6月上旬为越冬代成虫发生期；成虫羽化后1～3天交尾产卵，每雌产卵45粒左右，卵期1周左右。③幼虫孵化后即蛀果危害，经18～30天后在7月上、中旬脱果，大部分于7月下旬至8月上旬脱果化蛹，再经半月左右的蛹期后，羽化为第1代成虫，这一时期为羽化盛期，同时也是产卵盛期，此代卵3～5天即孵化为第二代幼虫。④幼虫在果内危害20天即老熟脱果，脱果期8月下旬至9月下旬，脱果后结茧越冬。

苹小食心虫的防治措施：①在成蛾高峰期喷布50%辛硫磷1 000～1 500倍液或溴氰菊酯2 000～3 000倍液。②冬季刮老皮，绑草把用糖醋液诱杀成虫，及时摘除虫果（糖醋配比为糖5份、酒5份、醋20份、水70份）。

139. 梨小食心虫的发生规律和防治措施是什么？

梨小食心虫俗称梨小、黑膏药虫，是危害苹果的重要害虫。

梨小食心虫的发生规律：①梨小食心虫发生代数与气候条件有关，在河南、陕西、山西一年4～5代，以老熟幼虫在树干翘皮下、粗皮裂缝和树干绑缚物等处做一薄层白茧越冬。还可以在梨树根颈部周围的土中和杂草、落叶下越冬。在苹果落花后，越冬幼虫开始化蛹并羽化成虫。②成虫在傍晚活动、交尾、产卵，对糖醋液和人工合成的梨小食心虫性外激素有强烈趋性，产卵于果实萼洼、梗洼和胴部，危害嫩梢时产卵于叶片背面。③幼虫孵化后爬行一段时间即蛀入果实或嫩梢，为害果实时，入果孔很小，蛀孔四周青绿色，稍有凹陷；入果孔直达果心，继而致使果心腐烂变质不能食用。④苹果、梨、桃混栽的果园，梨小食心虫危害重。

梨小食心虫的防治措施：①1～3月刮除树干上的老翘皮收集烧毁以消灭越冬幼虫。②5～7月经常剪去果树虫梢并集中烧毁。③成虫盛期喷布20％甲氰菊酯乳油2 000～4 000倍液或溴氰菊酯2 500倍液。④在成虫羽化盛期的树上挂糖醋液碗诱杀。

140. 怎样从果实被害状区别食心虫种类？

桃小食心虫、梨小食心虫和苹小食心虫都能钻蛀入果内为害，但在果实上表现的被害症状却有一定的区别。①桃小食心虫在果内纵横穿食，最后蛀食种子，小果被害后表现凹凸不平，多形成"猴头果"，大果被害呈"豆沙馅"。②梨小食心虫为害苹果时与桃小食心虫为害状难以区别，只能从幼虫上区别，桃小食心虫幼虫为桃红色、体长较小，梨小食心幼虫为浅黄白色或粉红色、体长较桃小食心虫长。③苹小食心虫幼虫蛀入果肉后，只在皮下浅层为害，一般不深入果心，蛀孔开始有红色晕圈，在被害处形成褐色虫疤，又称为干疤。虫疤上有小虫孔数个，并有少量虫粪堆积在疤上。

141. 为害苹果树的金龟子有哪些？怎样防治金龟子？

为害苹果树的金龟子种类和危害时期：为害苹果树的金龟子种类主要有苹毛金龟子、黑绒金龟子、小青花金龟子和铜绿金龟子等。其中苹毛金龟子4月上中旬出蛰，待果树显蕾开花时，迁移到果树上为害；黑绒金龟子4月中下旬出土，取食苹果幼芽嫩叶；小青花金龟子稍晚于苹毛金龟子，但二者均在蕾花期为害活动；铜绿金龟子6月初出土，6月上旬至7月中旬是成虫为害盛期，食害叶片。

为害苹果树的金龟子防治措施：苹果上的金龟子只有苹毛金龟子和小青花金龟子在花蕾期为害较重，如果花量大，金龟子数量少时，可不防治而让金龟子起疏花的作用，如果花量一般，金龟子量很大，可选用10％吡虫啉可湿粉1 500倍喷雾防治。

142. 苹果树上叶螨主要种类、为害特点和防治措施是什么？

苹果树上叶螨的主要种类：有山楂红蜘蛛、苹果红蜘蛛和二斑叶螨三种。

苹果树上叶螨的为害特点：①吸食叶片汁液造成失绿、斑点；②发生速度快，5～7天1代；③山楂红蜘蛛为害叶背面，苹果红蜘蛛主要为害叶正面且两面都有卵。

苹果树上叶螨的防治措施：①抓住一年中关键的两次防治时期喷药，其中第1次在苹果开花前（花露红期），第2次在6月下旬。②选用炔螨特1 500倍液，还可以选择美邦三唑锡2 000倍液或阿维·三唑锡2 000倍液。③打药时内膛外围、叶的正面反面一定要均匀，控制效果最低要达90％以上，否则害螨仍可迅速成灾。④喷药时兼顾果园内的杂草和其他作物，不能有防治死角，尽量避开主要天敌的大量发生期或选用选择性药剂。

143. 二斑叶螨的为害特征、发生规律和防治措施是什么？

二斑叶螨的为害特征：①二斑叶螨又名二点叶螨，果农称之为"白蜘蛛"，卵为圆球形，初产时呈乳白色，近孵化时呈乳黄色，多产在叶背面叶脉两侧；受害叶片初时出现白色失绿斑点，其后则呈现焦糊状，可导致落叶，当虫口密度大时在叶面上结一层银白色丝网，或在新梢顶端群聚成虫球，极易区别于其他果树害螨。②二斑叶螨寄主广、食性杂、生长速度快、繁殖率高、抗药性强，防治困难。各地应密切注意并将其控制在发生初期，以减轻危害。

二斑叶螨的发生规律：①以受精的雌成虫在树体根颈处、树上翘皮裂缝处、杂草根部、落叶和覆草下等处越冬，在不同龄树上的越冬位置也不同，幼树以根颈周围土缝中为主，约占总量的80%，而覆草幼龄园在根颈周围20厘米范围内越冬量占85%以上；10年生左右的苹果树根颈处约占60%，而覆草园可占70%左右，其余在树体上越冬；15年生以上大树以在树体的翘皮、裂缝等处越冬为主，占60%左右，其中以主干树皮裂缝处最多。②3月中下旬平均气温达到10℃左右时，越冬雌成虫出蛰，出蛰盛期在4月上中旬，4月下旬出蛰结束；产卵盛期在4月中旬，4月底至5月初为第一代幼螨孵化盛期；第一代成虫于5月上中旬长成，成虫羽化盛期即为产卵盛期，此后世代交替，虫态混杂。③调查资料表明山东省龙口市黄山馆镇一年最少发生12代，6月份之前即可发生3代；6月份以后陆续上树，一般先在树冠内膛和下部的树枝上危害，逐渐向整个树冠蔓延；7月中下旬虫量急剧上升，鼎盛期在8月中旬至9月中旬，单叶活动螨最多可超过300头，9月下旬虫量逐渐减少，10月中旬开始出现越冬型雌成虫并相继入蛰进入滞育状态。

二斑叶螨的防治措施：①清除越冬虫源，即在树干上束草诱集越冬雌成虫，次年春解下烧掉；在越冬雌成虫出蛰前刮除树干粗翘皮；早春铲除园内及园边杂草，覆草园片在雌成虫出蛰前将根颈周围20厘米范围内的覆草收集、烧毁。②4月上旬前对树下地面和主枝喷施20%三氯杀螨醇乳油600倍液或15%哒螨灵2 000～2 500倍液并混用300倍机油乳剂；在7月中下旬至8月初，当二斑叶螨单叶有5～6头时，细致喷施15%速螨酮乳油3 000～4 000倍液，或5%尼索朗乳油1 000倍液。

144. 苹果红蜘蛛的为害特征、发生规律和防治措施是什么？

苹果红蜘蛛的为害特征：在叶片两面危害但主要集中在叶片正面主脉凹里，一般不引起落叶；在虫口密度大、叶片营养不良的情况下，成虫经常大批拉丝下垂、随风飘荡、扩散转移。

苹果红蜘蛛的发生规律：1年发生4～9代，正常情况下7代。①以卵在果台、短果枝、芽和枝条轮痕处越冬，大发生年份也可集中到大枝背阴部。②翌年春季日平均气温达 10℃（苹果花芽膨大）时越冬卵孵化，4 月下旬的红富士开花盛期为越冬卵孵化盛期。③5 月上旬红富士落花期为越冬代成虫盛期，5 月上中旬红富士谢花后一周左右为第一代卵孵化盛期，以后世代交错约每 2～3 周发生一代。④全年以 6 月中下旬至 7 月上旬的第二代数量最多，第三代以后数量逐渐减少；冬卵从 8 月中旬出现，9 月底达到高峰，10 月上旬结束。⑤苹果红蜘蛛喜高温干旱，适宜温度为 25～28℃，相对湿度为 40%～70%，雨水冲刷可使种群消长。

苹果红蜘蛛的防治措施：①刮除老翘皮，消灭越冬雌成虫；发芽前喷 5 波美度石硫合剂，结合刮树皮涂石硫合剂。②花序分离期喷 0.3～0.5 波美度石硫合剂。③落花后 7～10 天喷布 5%噻螨酮 1 600 倍液或 20%四螨嗪悬浮剂 2 000 倍液。

145. 山楂红蜘蛛的为害特征、发生规律和防治措施是什么？

山楂红蜘蛛的为害特征：春季干旱时危害尤为严重。危害叶片时，初害叶背主脉两侧，后向叶缘扩展并吐丝结网，叶片正面出现较大白色退绿斑，反面出现铁锈斑，最后变硬变脆，早期落叶。

山楂红蜘蛛的发生规律：①1 年发生 6～9 代，以受精雌成虫潜藏在树干翘皮下、根颈土缝内、土石块下越冬。②翌年春季日均气温 7～9℃、芽露绿顶时出蛰，展叶经花序分离至初花期约 20 天（平均气温 9～10℃）为出蛰盛期。③出蛰后集中到裂嘴后的芽上危害，展叶后迁至叶背危害；出蛰成虫取食 1 周左右产卵，盛花期前后 11～12 天为产卵盛期；落花后 7～10 天为第一代幼虫孵化盛期。④5～6 月间第一代成虫产卵，谢花后 25 天左右为第二代幼虫孵化盛期。⑤1～2 代幼虫孵化盛期是其防治关键时期，以后世代交替重叠、扩散危害时防治困难；一般 6 月底至 7 月中旬遇高温干旱时繁殖快并造成大量落叶。⑥7 月中旬至 8 月中旬随雨季到来，虫口密度逐渐减小，大部分雌成虫进入越冬场所。⑦在树冠上的越冬雌成虫基本集中在内膛，从第一代逐渐向外围扩散，7 月份树冠内外均有分布，7月份以后外围叶片上数量较多。

山楂红蜘蛛的防治措施：①越冬前在树干绑草，冬春刮老皮，春天解下绑在树干上的草集中烧毁；树干基部土缝中虫多时可培土压实抑虫。②春季发芽前喷洒3～5波美度石硫合剂，现蕾期和谢花后各喷0.3～0.5波美度石硫合剂，喷药时特别要喷到内膛枝叶片背面。③麦收前后第一代卵孵化盛期（落花后7～10天）、第二代卵孵化盛期（谢花后25天左右）为防治适期。可结合种群密度防治指标（每叶平均有活动态螨6月份以前4头、7月份以后7～8头时）、天敌与害螨之比小于1：50时交替选用下列任一种药剂喷雾，即50％硫悬浮剂400倍液、20％三氯杀螨醇乳剂1 000倍液、40％水胺硫磷乳剂2 000倍液、73％克螨特2 000倍液、20％扫螨净3 000～4 000倍液。④人工饲养和释放捕食螨以防治有害螨。中国农业科学院生物防治研究所从国外引进的可抗有机磷杀虫剂的西方盲走螨，保护和利用当地果园的捕食螨，都能控制害螨。

146. 苹果黄蚜的为害特征、发生规律和防治措施是什么？

苹果黄蚜的为害特征：苹果黄蚜又称苹果蚜、苹蚜。①以成虫和若虫群集在新梢、嫩芽、嫩叶和幼果上刺吸汁液。②叶片受害后，叶尖向背面横卷（苹果瘤蚜危害会纵卷叶片）。发生量大时密布叶片背面、新梢及叶柄，一片黄色。

苹果黄蚜的发生规律：①全部生活史均在苹果树上完成，不转移其他寄主。②1年发生10余代，以卵在小枝条芽侧或裂缝内越冬，翌年苹果树发芽时孵化并危害幼芽、叶片和嫩梢。③5月初即胎生繁殖，5月底前后嫩梢旺长时繁殖加快，6～7月份达到盛期并大量产生有翅型蚜扩散危害。④7～8月雨水较多蚜量减少，秋梢生长期又逐渐增多，10月份有翅胎生雌芽产生有性蚜，交尾产卵越冬。

苹果黄蚜的防治方法：①越冬卵孵化高峰（苹果芽萌动、开裂时）选喷下列药剂之一，50％灭蚜松1 200～1 500倍液、25％溴氰菊酯3 000倍液及其他菊酯类农药。②5月上中旬的蚜虫危害初期，将40％乐果乳油加两份水的稀释液涂在主枝基部（或主干上部）成6厘米宽药环，涂后用塑料布或报纸包扎好，虫多时可于第一次涂药后10天再在原处涂一次。③在苹果黄蚜尚未分散之前，剪除被害枝梢集中杀死并注意保护天敌。

147. 为害苹果的介壳虫（康氏粉蚧）的为害特征、发生规律和防治措施是什么？

为害苹果的介壳虫种类主要是康氏粉蚧，还为害梨和葡萄。

康氏粉蚧为害特征：前期主要聚集在幼嫩的叶脉及花蕾处吸食汁液，可造成幼果畸形脱落；后期的成虫和若虫则群居于果实的萼洼处吸食汁液，被害处出现许多褐色圆点，上面附着有白色蜡粉。

康氏粉蚧的发生规律：各种介壳虫1年发生5代。第一代若虫粉红色，第二代灰色，第三代、第四代、第五代基本成球（由小球变大球）。第五代成虫开始产卵并且在产卵前排出黏液，因此，看到树上有液体流下即标志其要产卵。一个球内大约可产卵1 500粒，呈白色粉末状，随后变为粉红色即第一代若虫。

康氏粉蚧的防治措施：在3月上中旬卵孵化到第一代若虫时喷1次毒死蜱800倍液、或25％吡虫啉5 000倍液、或氯氟·吡虫啉1 500倍液；5月中下旬开始间隔期为7天连喷2次，7月中下旬至8月上旬再间隔7天连喷2次。

148. 苹果小卷叶蛾的为害特征、发生规律和防治措施是什么？

苹果小卷叶蛾又名远东卷叶蛾、舔皮虫。

苹果小卷叶蛾的为害特征：以幼虫吐丝缀联叶片并潜居其中取食，初期剥食，后期将叶片蚕食成孔洞；树上有果实后常将叶片缀联在果面上，幼虫啃食果皮及果肉呈多个小坑洼，故称"舔皮虫"。

苹果小卷叶蛾的发生规律：①1年发生3～4代，以幼虫潜藏在树皮裂缝、剪锯口处结小茧越冬，次年苹果花芽开绽时出蛰，盛花期为出蛰盛期。②出蛰幼虫沿枝干爬到幼芽、嫩叶、花蕾上危害，花序分离时吐丝缠芽，展叶后吐丝缀叶并潜藏在其中化蛹，蛹期9～10天。③越冬代成虫麦收前生成并在叶背面产卵，卵期9～10天；麦收后（6月中旬）孵化出幼虫（此时是全年防治的关键期），幼虫危害后化蛹，蛹期6～8天。④第一代成虫7月下旬至8月上旬生成并多在叶表面产卵，卵期5～7天；第二代成虫8月下旬至9月上旬生成并在果面产卵，幼虫孵化后在果面危害。⑤末代幼虫9月中旬孵化，9月下旬进入蛰盛期。

苹果小卷叶蛾的防治措施：①冬春刮除老翘皮集中烧毁，发芽前剪锯口涂50%辛硫磷封闭。②幼虫出蛰盛期及第一代幼虫孵化盛期喷50%辛硫磷1 000倍液、或菊酯类2 000～3 000倍液防治。③田间发现卵时放赤眼蜂，每5天放蜂1次，越冬代卵期共放蜂3次。④田间挂糖醋液、或果醋、黑光灯、性诱剂诱杀成虫。

目前防治卷叶蛾主要有两个时期，一是早春幼虫出蛰后，二是夏季第一代孵化盛期。早春喷药量少、易均匀，可保护天敌。

149. 潜叶蛾类害虫的为害特征、发生规律和防治措施是什么？

潜叶蛾类害虫是指潜伏在苹果叶表皮下潜食叶肉的一些鳞翅目害虫。危害苹果的有金纹细蛾、银纹潜叶蛾、旋纹潜叶蛾。

潜叶蛾类害虫的为害特征：①金纹细蛾危害时，以幼虫潜在叶背面表皮下取食叶肉，被害处仅剩下囊皮，叶背面外观呈泡囊状，正面隆起呈尾脊状并出现许多网眼状白色斑点。②银纹潜叶蛾危害时，幼虫潜入叶内蛀食叶肉并造成线状红棕色弯曲不规则虫道；虫道越来越宽，端部扩大、膜状皮隆起，多数在扩大部一侧有个排粪孔并有连丝的虫粪；重点危害新梢和嫩叶，每年6月及秋梢速长期为危害高峰期。③旋纹潜叶蛾以幼虫在叶内作螺旋状潜食叶肉，将虫粪成螺旋状排出集于叶中，形成圆形或不规则形褐色虫斑。

潜叶蛾类害虫的发生规律：①金纹细蛾每年发生5代，以蛹在被害落叶中越冬，翌年苹果发芽时成蛾，卵多产在早展开的嫩叶背面；幼虫在卵与叶相接处咬破卵壳后直接蛀入叶内危害，幼虫老熟后即在被害叶的泡囊内化蛹；各代发蛾盛期分别是 4 月中旬、6 月上旬、7 月上旬、8 月上旬、9 月中旬，成蛾后第二至第三天产卵，卵期 5～9 天，最后一代幼虫于 11 月上旬在被害叶内化蛹越冬；一般春季较轻，秋季加重。②银纹潜叶蛾 1 年发生 5 代，以成虫在落叶杂草、土石缝隙处越冬，次年早春 2 月份即展叶期产卵；成虫产卵于叶肉组织内，每处 1 粒，卵期 5～8 天、幼虫期 5～9 天、蛹期 6～12 天、成虫期 7～10 天；每代发育天数 23～39 天，各代成虫发生期分别是 4 月中旬、6 月中旬、7 月中旬、8 月中旬、9 月中旬，10 月份越冬。③旋纹潜叶蛾每年发生 4 代，以蛹外包"I"字形白色丝幕和茧在寄主枝、干粗糙裂皮缝内越冬；越冬代成虫 5 月上中旬化蛾后 2～3 天产卵，平均产卵 30 粒，最多 200 粒，卵散产于叶背，卵期 5～9 天；幼虫孵化后，直接于卵壳贴着叶片处潜入叶内食害叶肉，幼虫经 22～23 天老熟，咬破叶表面爬出，在叶背面或枝干上做白色"I"形茧化蛹；越冬代幼虫老熟爬出后，则吐丝下垂，被风吹至寄主枝干上做茧，化蛹越冬；各代成虫发生盛期分别是 5 月上旬、6 月中下旬、7 月中下旬、8 月下旬，9 月下旬后现越冬蛹。

潜叶蛾类害虫的防治措施：①果树休眠期彻底清扫果园，擦刷树干，清除落叶、杂草，以消灭越冬虫体。②4 月中旬树上挂金纹细蛾性诱芯，诱杀成虫，每亩 3～5 个诱芯防效较好。③成虫发生期及幼虫孵化期，向树上喷 25％灭幼脲 3 号 1 000 倍液效果最佳，另外还可选用 20％灭扫利 3 000 倍液、20％杀灭菊酯 2 000 倍液、80％敌敌畏 1 000 倍液。

150. 苹果绵蚜的为害特征、发生规律和防治措施是什么？

苹果绵蚜又称血蚜，是国内外检疫对象之一。

苹果绵蚜的为害特征：危害时群集于果树的枝条、树干伤疤及根颈和浅层根上吸取汁液，被害部膨大成瘤；严重时枝条上、树干伤口、果实梗洼、萼洼处生出白色絮状物，绵蚜在其中危害。

苹果绵芽的发生规律：1 年发生十几代，以老虫在树干裂缝、伤疤、近地面的根颈处、老翘皮下及根蘖上越冬，4 月中旬出蛰，5～6 月为全年发生和危害盛期，6、9、10 月均生成有翅蚜作近距离扩散，11 月若虫开始进入越冬状态；借助苗木、接穗及包装物料远距离传播。

苹果绵芽的防治措施：①不从疫区调入苗木、接穗，从外地调入的苗木用 40％氧化乐果 100 倍液浸 2～3 分钟消毒。②刮除树缝、树洞、伤口、根颈及土层内越冬的蚜虫，剪掉产卵枝及枝条上的绵蚜群落并集中杀死。③4 月上旬若虫上树前，环绕树干上涂 20 厘米 50 倍 40％氧化乐果黄泥浆。④5～6 月绵蚜危害盛期，树上喷布 40％氧化乐果 1 000 倍液、或 50％辟蚜雾 2 000 倍液、或菊酯类农药防治，每株树下表土撒施 1.5％乐果粉 150～250 克，消灭根际绵蚜。

151. 美国白蛾的为害特征、发生规律和防治措施是什么？

美国白蛾的为害特征：①为害严重，暴发时一夜之间可吃光成片的植物叶片。②食性杂，可为害果树、林木、花卉、农作物等 300 多种植物。③繁殖量大，一头雌蛾一次产卵 800～2 000 粒，一头越冬雌蛾一年能繁殖 3 000 万头幼虫，最多可达到 2 亿头以上。④传播途径广，一年四季均可随货物或交通工具等远距离传播。⑤严重扰民，老熟幼虫有进入农户、居民家中以及公共场所寻找食物或化蛹的习性。⑥适应性强，幼虫有极强的耐饥饿能力，15 天不取食后仍可正常取食为害植物。

美国白蛾的发生规律：1 年发生 3 代，1～2 龄群集在叶背取食叶肉，保留上表皮和叶脉，被害叶呈纱网状；3 龄前群居在叶片上吐丝结网并蚕噬叶片，3～5 龄幼虫咬透叶片在叶缘啃食，4 龄后的幼虫脱离网幕分散为害并进入暴食期，可把整片叶子吃光。

美国白蛾的防治措施：①日平均温度在 15℃以上时，黑光灯诱捕成虫，也可使用具有诱捕电击功能的诱虫灯诱杀。②幼虫期人工剪除网幕，老熟幼虫下树越冬前在树干上缠绕绑草，待其在草下化蛹至羽化前拆下烧毁。③在幼虫 1～2 龄时用 Bt 生物杀虫剂 1 000～1 200倍液、幼虫 3～4 龄时用 800～1 000倍液、幼虫 5 龄以后用 500～800 倍液防治；在幼虫幼龄期时还可使用毒死蜱或菊酯类农药防治。

152. 刺蛾类害虫的为害特征、发生规律和防治措施是什么？

刺蛾类害虫的幼虫俗称洋辣子，其身体上毒刺和毒毛触及人体皮肤后会造成疼、痒、烫等感觉。果园中经常发生的刺蛾类害虫主要有黄刺蛾、褐边绿刺蛾、中国绿刺蛾、扁刺蛾等，均属鳞翅目刺蛾科昆虫。

刺蛾类害虫的为害特点：刺蛾类幼虫食性杂，主要为害核桃、苹果、梨、桃、李、杏、樱桃、板栗等果树，也为害其他许多树木；初孵幼虫在寄主叶背群集啃食叶肉，形成白色圆形半透明小斑，几天后小斑连成大斑；大龄幼虫可将叶片吃成很多孔洞、缺刻，严重时吃得叶片仅留叶柄、主脉，削弱树势并减少果实产量。

刺蛾类害虫的发生规律：①黄刺蛾 1 年发生 2 代，以老熟幼虫在小枝分权处、主侧枝及树干粗皮上结茧越冬，5 月上旬化蛹，蛹期 15 天左右，5 月下旬至 6 月上旬越冬代成虫羽化；成虫昼伏夜出、有趋光性、羽化后不久即交配产卵；卵产于叶背，数十粒聚集成块，卵期 7～10 天；初孵幼虫群集在叶背取食，稍大后即分散为害。第一代幼虫 6 月中旬至 7 月中旬为害，成虫于 7 月中下旬羽化；第二代幼虫在 8 月上中旬为害，8 月下旬至 9 月幼虫陆续老熟，结茧越冬。②褐边绿刺蛾 1 年发生 1 代，以老熟幼虫在树干基部周围的土中结茧越冬，翌年 5 月中下旬化蛹，6 月中旬成虫羽化；成虫昼伏夜出、有趋光性；卵多产于叶背近主脉处并排列成鱼鳞状卵块；卵期 7 天左右，幼虫在 6 月下旬孵化，初孵幼虫先吃掉卵壳，第一次蜕皮后吃掉蜕下的皮，然后取食叶肉；幼虫有群居习性，4龄后逐渐分散为害并迁移到邻近树上，以8月份危害最重，8月下旬至9月下旬幼虫老熟并入土结茧越冬。③中国绿刺蛾1年发生1代，发生期与褐边绿刺蛾基本一致。④扁刺蛾1年发生1代，以老熟幼虫在树干周围3～4厘米深的土壤中结茧越冬，翌年5月中旬化蛹，6月上旬至7月中旬成虫羽化；成虫昼伏夜出、有趋光性，羽化后即交尾，约2天后产卵，卵多散产于叶面，每头雌虫产卵40～50粒，卵期7天；初孵幼虫肥胖迟钝，极少取食，2天后蜕皮，蜕皮后的幼虫先在叶面取食叶肉，残留下表皮，7～8天后分散为害，一般从叶尖开始取食整个叶片最后只剩叶柄；幼虫为害盛期在8月份，老熟幼虫于9月上旬下树入土结茧，每天下树时间在晚上8:00至次日晨6:00，以午夜2:00～4:00最多；树干周围是黏土时，结茧部位浅且距树干远，茧比较分散；树干周围是腐殖土及沙壤土的，结茧部位深，距树干近，而且密集。

　　刺蛾类害虫主要防治方法：①灭除虫茧，根据不同刺蛾结茧习性与部位，于冬、春季剪除枝干上越冬茧烧毁，同时在受害树体附近的松土里挖土除茧，也可将虫茧堆集于纱网中，让寄生蜂羽化寄生。②杀灭初龄幼虫，刺蛾1～2龄幼虫多群集为害，叶片上呈现白膜状受害特征，可摘除消灭。③灯光诱集刺蛾，成虫大都有较强的趋光性，成虫羽化期间可安置黑光灯诱杀成虫。④化学防治，在幼虫2～3龄阶段用药剂拟除虫菊酯类稀释液或48%毒死蜱1 500倍液喷雾防治。

153. 舟形毛虫的为害特征、发生规律和防治措施是什么？

　　舟形毛虫又名苹果舟蛾。因其幼虫休息时头尾常翘起如舟状而得名。

　　舟形毛虫的为害特征：幼龄虫啃食叶肉使被害叶成网状，稍大便能咬食全叶仅留叶柄。3龄前幼虫群栖在叶背蚕食叶肉，3龄后分散为害。幼虫早晚及夜间取食，白天不活动，8月中旬至9月中旬为幼虫为害期。

舟形毛虫的发生规律：1 年发生 1 代，以蛹在近根土中越冬，翌年 7 月下旬至 8 月中旬为成虫羽化期。成虫交尾后产卵于叶背面，卵期 7～10 天。幼虫孵化后先群集在产卵叶上危害，受惊有吐丝下垂习性，9 月上中旬幼虫老熟，入土化蛹越冬。

舟形毛虫的防治措施：①人工防治，幼虫害期摘除集中群居的幼虫，冬春季刨树盘消灭越冬蛹。②喷药防治，7～8 月幼虫为害期喷 75％辛硫磷 1 000 倍液、或菊酯类 2 500 倍液均有效。

154. 果树天牛的为害特征、发生规律和防治措施是什么？

为害果树的天牛有桑天牛（又称褐天牛、粒肩天牛或铁炮虫）、星天牛（又称白星天牛、枯根天牛、花牯牛、盘根虫）、云斑天牛（又称多斑白条天牛、核桃天牛）、梨眼天牛（又称梨绿天牛、琉璃天牛）、苹果枝天牛（又称赤瘤筒天牛、苹红天牛）。

果树天牛的为害特征：①桑天牛主要为害桑、无花果、苹果、沙果、樱桃、梨、柑橘等林果树。为害时，以幼虫蛀食树干、主枝及较粗侧枝木质部，致使树体水肥输导受阻，虫害严重时可使枝条枯萎、树势衰弱甚至整树死亡；受害枝干上每隔一定距离会有一排粪孔，幼龄幼虫排出红褐色细绳状粪便，老龄幼虫排出锯末状粪便，虫蛀洞内无木屑及粪便，成虫啃食嫩枝皮层和芽、叶。②星天牛主要为害柑橘类、苹果、梨、李等果树。为害时以幼虫在树干基部木质部钻蛀弯曲隧道，造成皮层脱落，还可蛀入主根，在根颈及根部皮下蛀害，造成许多孔洞，甚至全部蛀空，轻则使树体生长不良、树势衰弱，严重者引起整株枯死。③云斑天牛主要为害苹果、核桃、梨等果树。危害时以幼虫钻蛀树干和主要侧枝，致使树体水肥输导受阻、树势衰弱，虫害严重时枝条枯萎甚至整树死亡。④梨眼天牛主要为害梨、苹果、杏、桃等果树。为害时以幼虫蛀入 3～4 年生枝条内为害木质部，蛀孔呈扁圆形，孔口树皮破裂，充满烟丝状粪便，成虫蚕食叶片，致使枝梢枯萎，虫害严重时抑制树势。⑤苹果枝天牛主要为害苹果、梨、桃、李、梅、杏、樱桃等。为害时以孵化后幼虫蛀入幼嫩木质部和髓心，7～8月间出现被害枝，在枝条上每隔一定距离咬一圆形排粪孔，幼树比结果树受害重。

果树天牛的发生规律：①桑天牛2～3年完成1代，以幼虫在枝干内过冬，老熟幼虫在蛀道内两端塞木屑作室化蛹，15～20天后羽化钻出，啃食枝干皮层、叶片和嫩芽；翌年6～8月为成虫发生期，成虫产卵多在粗10毫米左右的枝条，将表皮咬成U形伤口，产1～5粒卵，每头雌虫可产卵100余粒，经二周后孵出；幼虫向上蛀食1厘米左右的皮层后钻入木质部为害，幼虫一生蛀食的孔道长1.7～2米，孔道直、内无粪便，每蛀食5～6厘米时向外蛀一排粪孔，粪便由此排出堆在地面；小幼虫粪便为红褐色、细绳状，幼虫在树干内生活2～3年才老熟，大幼虫粪便粗呈锯屑状，成为防治幼虫时的主要踪迹。②星天牛1～2年完成生活史，以幼虫在树干内越冬，翌年春季化蛹，6～8月间出现成虫，咬食细枝条和幼芽后在距地面30～60厘米处或主干近地面产卵；产卵前，成虫先将皮层啃成"丁"字或"人"字形口，然后将卵产于伤口内并分泌淡黄色胶状物覆盖；每头雌虫产卵60粒，孵出的幼虫先在皮层下盘旋向下蛀食，约两个月之后蛀入木质部为害，上下左右串成隧道，后向根部蛀食并向外蛀一气孔排泄通气，蛀道内充满木屑，11月初幼虫又开始越冬。③云斑天牛在当地2年发生1代，以幼虫和成虫在树干蛀道内越冬；翌年5～6月间越冬成虫从蛹室爬出，啃食一年生树枝皮层补充营养，傍晚多集中在树干基部交尾；雌虫产卵前先在树干上选择适当部位咬1个圆形或椭圆形刻槽，把卵产在刻槽上方，一般产卵1粒，每株产卵4～5粒，多者达20粒，6月份为产卵盛期；卵期10～15天，初孵幼虫先在韧皮部蛀食使受害处变黑、树皮胀裂，流出少量树液并排出木屑和虫粪。第一年以幼虫越冬，翌年继续为害，幼虫期12～14个月；第二年8月中旬幼虫老熟，在蛀道顶蛀成一宽大的椭圆形蛹室并在其中化蛹，蛹期约1个月，9月中下旬羽化为成虫，在蛹室内越冬。管理粗放，树势衰弱的果园受害较重。④梨眼天牛2年发生1代，幼虫在被害枝条内过冬，成虫发生期为5月中旬至6月上旬，成虫产卵多在 1.5～2.5 厘米粗的枝条上将树皮咬成八卦纹形状伤痕，产卵于伤痕间，产卵 10 多天后孵出幼虫，啃食皮层约 1 月余后蛀入木质部危害，多顺着枝条生长方向蛀食，蛀孔深 6～9 厘米。⑤苹果枝天牛 1 年发生 1 代。以老熟幼虫在枝条内越冬，翌年 4 月化蛹，羽化的成虫呆在被害枝条内，6 月出现成虫；成虫在新梢皮层内产卵，孵出幼虫即钻入枝条髓部，自上而下蛀食，隔一定距离咬一圆形排泄孔，排出粪便为淡黄色，7～8 月枝条被害成空筒状，上部叶片枯黄。

果树天牛的防治措施：①利用天牛成虫的假死性，在成虫期早晨或雨后摇动枝条，将成虫振落地面扑杀，也可在产卵期用锤子将产卵槽内的卵砸碎；幼虫期经常检查枝干，发现被苹果枝天牛为害的枝梢及时剪除掉烧毁。②给新排粪孔每孔注入 80% 敌敌畏乳油 30 倍液 2 毫升后用泥封口药杀。③在树干上刷涂白剂（生石灰 1 份、硫磺 1 份、水 40 份），对成虫产卵有忌避作用。

155. 植物病原线虫的为害特征和防治措施是什么？

线虫又称蠕虫，是一类低等的无脊椎动物，通常生活在土壤、淡水、海水中，其中很多能寄生在植物体内引起病害，被称为植物病原线虫或植物寄生线虫，或简称植物线虫。

植物病原线虫的为害特征：①主要为害作物根部的须根和侧根，被害的根端部形成球形或圆锥形大小不等的串珠状瘤（也叫根结），整个根系肿大粗糙、卷曲、根量少、根系腐烂、粗短。②瘤状物初为白色、表面光滑、较坚实，后期根结变成淡褐色并腐烂，剖开瘤状物可见里面有透明白色针头大小的颗粒，即雌成虫。③由于根部组织结构被破坏，正常的吸收机能受抑制，同时植株地上部分生长发育受阻、生长缓慢、叶片发黄、植株较矮小、结果小而少；随着病情发展，植株逐渐枯死。④作物根系受害后常诱发土壤中镰刀菌（枯萎病）、丝核菌（立枯病）等真菌的侵染，加速根系腐烂，植株提早枯死。

果树植物病原线虫的防治措施：①严格执行检疫制度，保障田园环境健康。②增施有机肥或土壤改良剂，促进有益微生物繁殖，抑制线虫数量，保证果树健壮以增强抗病能力。③利用天敌控制线虫病，土壤中线虫的天敌主要有捕食性和寄生性真菌，其次是细菌、捕食型线虫、捕食型昆虫及螨类等，全部弹尾目昆虫的若虫和成虫都能捕食线虫及虫卵，也能控制线虫数量。④将根际土壤在夏季晴天时翻耕连晒一周，可杀死大量线虫，同时也可以防治其他土壤病虫害。⑤每亩用作物秸秆 600 千克切成 4～6 厘米小段，加石灰氮 100 千克，掺匀后翻耕入 20 厘米的土层中再灌满水，覆盖薄膜 20 天即可有效杀灭线虫。⑥防治线虫的药剂大多用于土壤处理剂，少量用于苗木处理或生长季节喷施茎叶；常用的土壤处理剂有氯化苦、二氯硝基苯等；常用的杀线虫剂有阿维菌素等；常用喷施于茎叶的杀线虫剂有辛硫磷、螨虫清等。

3.6.3 农药的基本知识

156. 什么是农药三证？

农药三证：①《农药正式登记证或临时登记证》。农药登记证编号的模式为 PD ********或 LS ********，其中 PD 表示是正式的登记证，LS 表示是临时的登记证，后面的 8 位数中前 4 位数为年份（即获得证书的年份）、后 4 位数是当年的流水号。正式证有效期为 5 年而临时证只有 1 年，但是临时证可以在第二年要求延期（经过审核后最多可以延期累积为 3 年，但是证号不变）。②《农药生产许可证或生产批准证（文件）》。生产许可证编号模式为 XK13－***－*****，其中 XK 为许可的缩写，13 表示的是农药行业，中间的 3 位数表示的是具体的产品（每种产品都有一个 3 位数的代号），后面的 5 位数表示的是企业编号（一个企业只能对应一个编号，无论有多少种产品）。在相应的网站可以查询这家企业是否有生产许可证；生产许可证以往的有效期是 5 年，新颁发的许可证有效期是 3 年。生产批准证（文件）与生产许可证的作用基本相同，但是有国家标准或行业标准的产品，才能申请生产许可证。对于只有企业标准的产品，国家颁发的就是生产批准证（文件），其中会注明执行的企业标准代号，模式为 HNP ***** — A ****，其中 HNP 就是生产许可证号的意思，后面的一串数字代表行政地区，再后面的 A（可能是 A、D、P 不同的字母）表示的是产品类别，最后数字是流水号。批准证（文件）的有效期是不一样的，对于原药，批准之后是两年，换证之后是 5 年；对于制剂，要么是两年，要么是 3 年。③《产品标准证》，农药执行标准编号包括 GB（国标）、HG（行标）、NY（农业）、Q/FLNH（企业标准）等。国标，编号模式为 GB ***** — ****，前面 5 位数字是流水号，后面 4 位数字是标准发布年份。没有有效期的说法，只要没有新标准代替，就一直生效。行标和农业标准的编号模式与国标相同，分别为 HG ***** — **** 和 NY ***** — ****，前面 5 位数字是流水号，后面 4 位数字是标准发布年份。企标，编号模式为 Q/****** AAA *** — ****，其中"Q"为企业标准的开头，"/"接下来的 6 位数字是行政地区编号，中间的 3 位字母是类别代码，接在后面的 3 位数字是流水号，最后面的 4 位数字是发布年份。其有效期为 3 年。

157. 农药是怎样分类的？

农药的分类：①根据原料属性可分为有机农药、无机农药、植物性农药、微生物农药。此外，还有昆虫激素。②根据防治对象可分为杀虫剂、杀菌剂、杀螨剂、杀线虫剂、杀鼠剂、除草剂、脱叶剂、植物生长调节剂等。③根据毒性作用及侵入途径分为触杀剂、胃毒剂、内吸剂、熏蒸剂、拒食剂、忌避剂、引诱剂、粘捕剂等。④根据作用范围分为广谱性农药（对很多种害虫或病原或杂草有毒性）和选择性农药（在一定剂量范围内仅对一定类型或种属的有害生物有毒性，而对其他类型或种属的生物无毒性或毒性很低）。

158. 常用农药主要有哪些剂型及代号？

常用农药的主要剂型及代号：包括粉剂（DP）、可湿性粉剂（WP）、可溶性粉剂（SP）、水剂（AS）、水乳剂（EW）、水分散粒剂（WG）、颗粒剂（GR）、乳油（EC）、油剂（OL）、烟剂（FU）、悬浮剂（SC）、悬浮种衣剂（FS）、气雾剂（AE）、片剂（TA）等。

159. 农药标签上色带含义是什么？

我国农药登记部门规定：农药标签上必须至少有一条与底边平行的色带以供人们用颜色来直接判断农药的类别。其中色带红色为杀虫、杀螨剂；黑色为杀菌、杀线虫剂；绿色为除草剂；蓝色为杀鼠剂；深黄色为植物生长调节剂。这些颜色分别代表农药的类别，避免误用农药。

160. 什么是农药质量保证期？

农药产品在工厂生产包装之日到没有降质降效的最后日期，这段时期叫做质量保证期。在质量保证期内，农药产品质量不能低于质量标准规定的各项技术指标值，使用者按农药标签上的防治对象、施用方法、使用浓度（或剂量）等各项规定应用，应能达到满意的防治效果而并不会产生药害。

161. 农药常规使用有哪些方法？

农药有10种常规使用方法：①喷雾法，指将可供液态使用的农药制剂（超低容量喷雾剂除外），如乳油、可湿性粉剂、可溶性粉剂加水调制成乳液、溶液、悬浮液后用喷雾器喷洒使用的方法。②喷粉法，指利用喷粉机具或撒粉机具的气流把粉剂农药吹散后沉积到作物上的方法。③撒施法，指直接抛施或撒施颗粒状农药的方法（主要用于土壤处理、水田施药或作物心叶施药，除颗粒剂外，其他农药需配成毒土或毒肥施用）。④泼浇法，指将一定浓度的药液均匀泼浇到作物上的方法（药液多沉落在作物下部）。⑤灌根法，指将一定浓度的药液灌入植物根区的方法（主要用于防治作物地下害虫、瓜类枯萎病等根部病虫害）。⑥拌种法，指将药粉或药液与种子按一定的比例均匀混合的方法（可以有效防治地下虫害和通过种子传播的病害)。⑦种苗浸渍法，指用一定浓度的药剂浸渍种子或苗木的方法（防治某些种苗传染的病害及使用植物生长调节剂时常用）。⑧毒饵法，指利用能引诱有害生物取食的饵料，加上一定比例的胃毒剂混配成有毒饵料或毒土诱杀有害生物的方法。⑨涂抹法，指利用药剂内吸传导性把高浓度药液通过一定装置涂抹到植物上的方法。⑩熏蒸法，指利用熏蒸剂在常温密闭或较密闭的场所产生毒气防治病原菌和害虫的方法（主要用在仓库、车厢、温室大棚等场所）。

162. 保护性杀菌剂、内吸性杀菌剂及其特点是什么？

保护性杀菌剂及其特点：保护性杀菌剂是指在病菌侵染作物之前用于处理植物或周围环境，抑制病原孢子萌发或杀死萌发的病原孢子以保护植物免受其害的一类杀菌剂。其特点：①施用后能在作物表面形成一层透气、透水、透光的致密性保护药膜；②这层保护膜能抑制病菌孢子的萌发和入侵，有杀菌防病的效果；③杀菌谱广、兼治性强；④不易使病菌产生抗药性。

内吸性杀菌剂及其特点：内吸性杀菌剂是指病菌侵入作物后或作物发病后施用的，能渗入到作物体内或被作物根茎叶吸收并在体内传导，对病菌直接产生作用或影响植物代谢，继而杀灭或抑制病菌的致病过程，清除病害或减轻病害一类杀菌剂。其特点：①杀菌性强，治疗效果好；②易致病菌产生抗药性。

163. 什么是生物农药？有哪几类？

生物农药：指利用生物活体或生物代谢过程产生、或从生物体中提取的具有防治农林作物病、虫、草、鼠害活性的一类物质。

生物农药的种类：①动物源生物农药，指自然界动物中通过人工助迁或室内培养繁殖的，可以寄生和扑食害虫的赤眼蜂、丽蚜小蜂、食虫瓢虫、草蛉等昆虫，以及能把害虫引诱过来便于集中杀灭的昆虫自身性信息素提取物。②植物源生物农药，指植物中含有的能杀灭害虫成分（如烟草中的烟碱、豆科植物中的鱼藤酮、除虫菊花中的除虫菊素）经过工业化萃取后可作为农药的物质。③微生物源生物农药，指能利用自身侵染能力杀死害虫或利用自身代谢产物杀死害虫或病菌的细菌、真菌、放线菌、病毒、微孢子虫等微生物，其中的苏云金杆菌有 12 个血清型，17 个变种。对蔬菜、果树、棉花、水稻、玉米、茶树、林木等的 300 多种鳞翅目害虫有杀灭作用并有高效和不污染环境的优点。

164. 植物生长调节剂的种类、作用及危害是什么？

植物生长调节剂：指人工合成或从生物体中提取的与内源激素生理效应一致或分子结构相同的一类化学物质。

植物生长调节剂主要种类：目前已列入商品注册的植物生长调节剂近 500 种。按其功能可分为五类：①生长素类：吲哚乙酸（IAA）、吲哚丙酸（IPA）、萘乙酸（NAA）、2，4-二氯苯氧乙酸（2，4-D）、增产灵（4-碘苯氧基乙酸）、防落素（4-氯苯氧乙酸）等。②赤霉素类：九二〇（GA3）等。③细胞分裂类：玉米素（ZT）、激动素（KT）、腺嘌呤（6-BA）等。④催熟剂类：乙烯、乙烯利等。⑤生长抑制剂类：主要有 B9、矮壮素和多效唑。

植物生长调节剂主要作用：果树各器官的生长发育均受体内所含有的内源激素制约，用生长调节剂可以替代内源激素打破休眠、改变花器性别和植物抗逆性等，目前已成为调控果树生育，使果树更符合栽培要求以获得早期丰产、优质的重要手段。具体作用为：①化学整枝、控长促花以实现早期丰产；②控制果实大小、形状和质地，使产品规格化；③成熟调节、化学疏落以便于机械化采收；④免耕和植物组培无毒苗木培育中的调控等。

植物生长调节剂的危害：①一般来说按照规定的量使用都不会造成为害，残留也能够很好的控制。②所谓的危害主要有两种，一种是对植物本身的危害，另外一种是对人身体的后续危害，但是这两种危害只要按照规定使用都不会出现。

165. 农药的选购、配制和使用中应注意什么事项？

科学选购农药：购药前应仔细阅读农药标签，①看名称，从 2008 年 7 月 1 日起生产的农药不再用商品名，只用农药通用名称或简化通用名称；购买时请注意有效成分名称、含量及剂型是否清晰。②看"三证"，即农药（正式或临时）登记证号、产品标准号、生产许可或批准证号，国产农药必须具备这"三证"。③看使用范围，要根据防治对象选择与标签标注一致的农药，当有几种产品可供选择时，要选用用量少、毒性低、残留小、安全性好的产品。④看净含量、生产日期及有效期。标签上应标注净含量、有效期、生产日期（批号）。⑤看标签和外观。农药标签标注内容应完整。从产品外观分类看，粉状产品为疏松粉末而且无团块；乳油或水剂无沉淀或悬浮物；悬浮剂或悬乳剂应为可流动悬浮液而且无结块，长期存放可能存在少量分层现象，摇匀后能恢复原状。

合理配制农药：①针对不同的防治对象选用合适的农药品种，根据施药面积和标签上推荐的使用剂量计算用药量，然后采用二次稀释法配制药液；即先将药液倒在小容器内加少量水摇匀配成母液，再将母液稀释至所需浓度；配制农药时应远离住宅区、牧畜栏和水源；药剂应随配随用。②配药时各种农药加入的先后次序通常为先加叶面肥，再依次加水分散粒剂、可湿性粉剂、悬浮剂、水剂、油基悬浮剂、乳油、助剂、表面活性剂，每加入一种即充分搅拌混匀，此后加入下一种。

合理使用农药：果树病虫害防治应遵循"预防为主，综合防治"的方针，尽可能减少化学农药的使用次数和用量，以减轻对环境、农产品质量及安全的影响。使用农药时应注意以下几点：①把握最佳用药时机，绝大多数病虫害在发生初期时症状很轻，防治效果较好，否则防治效果较差。②把握好用药量和用水量，在农药有效浓度内，效果好坏取决于药液的覆盖度，如果一味加大农药使用浓度会强化病菌、害虫的耐药性，超过安全浓度还会造成药害。

③注意轮换用药，长期单一使用某种农药易产生抗药性，减弱防治效果。④选择性能良好的施药器械，应选择正规厂家生产的药械并定期检查更换喷头；喷洒除草剂要分类专用相应的药械。⑤严格遵守安全间隔期规定，最后一次喷药到果实收获的时间应比农药标签上规定的安全间隔期更长。⑥注意安全防护，施药时先检查药械是否完好，施药人员应穿戴防护用品并掌握一定的中毒急救知识，下雨、大风、高温时不要施药。

166. 怎样正确配制波尔多液？

波尔多液的配比（硫酸铜∶生石灰∶水）：应根据防治对象和使用时间来确定。生产上常用的波尔多液配制比例有硫酸铜∶生石灰为等量式＝1∶1、倍量式＝1∶2、半量式＝1∶0.5和多量式＝1∶3～5 对水 160～240 倍。在苹果上常采用倍量式。

正确的配制方法有两种：①按用水量的一半溶化硫酸铜，另一半溶化生石灰。待完全溶化后，再将两者同时缓慢倒入备用的容器中，同时不断搅拌。②用 10%～20% 的水溶化生石灰，80%～90% 的水溶化硫酸铜，待其充分溶化后，将硫酸铜溶液缓慢倒入石灰乳中（否则质量不好），边倒边搅拌即成波尔多液。

配制波尔多液时应注意事项：除严格按照上述要求操作外，还要注意以下几点，①要选用质量好的原料，硫酸铜选纯蓝色、不夹带有绿色或黄绿色杂质的产品；石灰应选用手感轻、白色块状的生石灰；水尽量选用清水、河水，不要用井水（否则易形成沉淀而降低药效）。②最好将生石灰用少量水化开（用熟石灰应增加用量30%）。③配制的硫酸铜溶液和石灰乳温度要相同且愈低愈好（否则波尔多液粒子太粗）。④波尔多液呈碱性，对金属有腐蚀作用，配制或盛装时不能用金属容器。⑤配成的波尔多液应呈天蓝色并有黏性，呈碱性反应，无分层、无沉淀。⑥波尔多液要现配现用，不能贮存过久，否则易变质或发生药害，也不能配制后再加水稀释。

167. 药剂浓度有哪些常用的表示方法？

药剂浓度常用的表示方法：①百分比浓度。即 100 份药液或药粉中含纯有效成分的份数，用％表示。如 50％多菌灵可湿性粉剂（50％多菌灵 WP）即 100 份中含多菌灵有效成分为 50 份。②百万分比浓度。即为 100 万份药液或药粉中含纯有效成分的份数，常用毫克/千克（ppm）表示。

168. 怎样计算农药稀释加水量和用药量？

首先是认真、仔细阅读农药标签和说明书，已经取得合法农药登记的农药，其内容是可靠的。其次是安全、准确地配制农药，计算出制剂取用量和配料用量后，要严格按照计算的用量量取或者称取农药。液体农药用有刻度的量具，固体农药要用秤称量。

常用的计算方法是倍数法。即药液或药粉中的加水或填充料量为原药量的多少倍，一般以重量计算。应用中，稀释倍数为 100 以内的，要扣除原药剂所占的 1 份；稀释倍数在 100 以上时则不扣除原药所占的 1 份。如乳油喷雾稀释 50 倍的，则应取 49 份水加入 1 份药剂；稀释 200 倍，将 1 份药剂加入 200 倍水中即可。

（1）求加水量的计算方法。

例 1：一瓶 500 毫升的杀虫剂，稀释倍数是 2 000 倍，应该加多少千克水。

解：稀释后的药液量（加水量）＝药品用量×稀释倍数＝500 毫升×2 000＝1 000 000 毫升＝1 000 升（1 升＝1 千克）。则加水量是 1 000 千克。

例 2：配制 50％多菌灵可湿性粉剂 500 倍液，问 2 千克药剂需加水多少千克？

解：药剂重量为 2 千克，稀释倍数为 500 倍，所需药液重量（加水重量）＝2 千克×500＝1 000 千克，即需加水 1 000 千克。

（2）求农药原液（粉）的用量。

例 3：配制 3.5％多抗霉素水剂 1 000 倍，需配稀释药液 200 千克，问需要多少 3.5％多抗霉素水剂原液？

解：需配稀释药液重量为 200 千克，稀释倍数为 1 000 倍，所需原药液用量＝需配稀释药液重量÷稀释倍数＝200 千克÷1 000＝0.2 千克，即需要 3.5％多抗霉素原药 0.2 千克（药剂比重以 1.0 计算）。

169. 国家禁止使用哪些农药？

（1）国家明令禁止使用的农药（18 种）：六六六、滴滴涕、毒杀芬、二溴氯丙烷、杀虫脒、二溴乙烷、除草醚、艾氏剂、狄氏剂、汞制剂、砷类农药、铅类农药、敌枯双、氟乙酰胺、甘氟、毒鼠强、氟乙酸钠、毒鼠硅。

（2）在蔬菜、果树、茶叶、中草药材上又不得使用的农药（19 种）：甲胺磷、甲基对硫磷、对硫磷、久效磷、磷胺、甲拌磷、甲基异柳磷、特丁硫磷、甲基硫环磷、治螟磷、内吸磷、克百威、涕灭威、灭线磷、环磷、蝇毒磷、地虫硫磷、氯唑磷、苯线磷。

（3）限制使用的农药（2 种）：三氯杀螨醇、氰戊菊酯还不得用于茶树上。此外，任何农药产品都不得超出农药登记批准的使用范围。

170. 怎样合理使用杀菌剂？

合理使用杀菌剂：①药剂防治与其他防治措施相配合。②提高使用技术水平。包括合理选取杀菌剂的品种、用药次数、用量、时期、喷药技术等。③药剂的混用。

171. 怎样合理混配杀虫剂？

为预防害虫产生抗药性，增强药物杀虫效果，减少药物用量，减小杀虫成本，可混合使用不同毒杀机理的杀虫剂，包括使用增效剂；一般以一种击倒剂和一种致死剂相组合。现在配方越来越复杂，但目前公认的混配原则有 3 个，①混剂不减弱单剂的药效，即单剂混合后应为增效或协同作用，害虫防治中混剂的用量应少于单剂用量之和或同等单剂用量，其效果优于单剂；②混剂对哺乳动物的毒性不应高于单剂，尤其不能增毒；③混剂中各有效成分在混配中不能起化学变化，即性质稳定。

杀虫混配制剂中以拟除虫菊酯之间的混配最多，一般用杀虫力强与击倒性能好的两药加增效剂的混配为最佳选择。其次，拟除虫菊酯和有机磷杀虫剂间混用也具有明显的优越性，因为两者的毒理机制不同，靶标部位不同，又无交互抗性。另外还有非拟除虫菊酯杀虫剂之间的混配等。

172. 农药药害症状、原因及避免和减轻的方法与补救措施是什么？

农药药害症状：①斑点，主要表现在作物叶片上，有时也发生在茎干、枝或果实表皮上。有褐斑、黄斑、枯斑等几种。②黄化，表现在植株茎叶部位，以叶片发生较多。③畸形，植物的各个器官都可能发生这种药害，常见的畸形有卷叶、丛生、根肿、畸形穗、畸形果等。④枯萎，这种药害一般整株表现，大多因除草剂使用不当造成。⑤生长停滞，药害引起的生长缓慢或停滞。

发生药害的原因：主要有6个，①用错了药。②浓度过高或浓度正确但操作中重复施用。③在气温高、日照强时施药。④在作物的敏感生育阶段施药。⑤不恰当混用药剂。⑥农药剂型和加工质量有问题。

避免和减轻药害的方法：①正确选用农药。②用药时，要看天、看地、看苗情，避过不利天气、敏感作物品种和敏感生育期。③科学施用不同农药。一要严格按照规定的范围和剂量使用；二要均匀施药，避免重复喷药；三要不乱混农药；四要在施用除草剂特别是广谱性除草剂时看准风向并在喷头上安装防风罩，以免为害相邻田块的作物；五要注意避免使用对下茬作物有残留药害的农药。

发生药害时的补救措施：当发现果树出现叶片发黄、茎叶斑点、生长停滞、凋萎、畸形等药害症状时，就要分析原因以采用相应补救措施。①喷大量清水或略带碱性水淋洗，反复喷2~3次，尽量把植株表面上的药物洗刷掉。②增施磷钾肥和速效氮肥，在发生药害的果树上及时追施尿素等肥料以增加养分，加强果树生长活力。③喷施缓解药害的药物，如受到碱性农药的药害时可喷施0.2％的硼砂溶液；一般果树发生药害后喷施芸苔素内酯或氨基寡糖素1 500倍液以缓解药害，恢复树势。

四、黄土高原苹果生产的周年管理

4.1 红富士苹果年周期综合管理历

1月（休眠期）

总结上年的经验，考虑确定当年计划。

准备春季管理需要物资等。

2月（休眠期）

A. 整形修剪

（1）整形修剪的原则："三稀三密"即大枝稀小枝密，上稀下密，外稀内密。

（2）修剪时间：在时间允许的情况下尽量晚修剪，有利于防止腐烂病。

（3）修剪方法：疏缓结合。

疏枝：疏除影响光照的大枝、竞争枝、背上枝、平行枝等，每年不要超过3个大枝，疏除后要对锯口涂药保护。

清头：清理主干及大枝延长头，保持单轴延伸。

缓放：对结果枝开张角度并缓放以利于成花结果，连续缓放的可适当回缩复壮。

（4）开张角度：在萌芽前对直立枝条开张角度。根据树形及枝条功能确定枝条的垂直角度，一般85°～135°，结果枝宜大。

B. 清园

清除园内修剪的枝条等，以减少病虫基数。

3月（休眠期至萌芽期）

A. 土肥水综合管理

（1）土壤管理：修剪后及时把果园杂物清出果园，防止交叉感染。旱作果园起垄覆膜，垄高 20～30 厘米，宽度 1.5～2.0 米，垄面覆盖地膜或覆草，地膜最好是园艺地布或黑膜；覆草可选秸秆、花生壳等，厚度 15～20 厘米，可在行间自然生草或覆草。

（2）施肥：给采果后未施肥的果园及早施肥，施肥种类、方法和数量同其他采果后的施肥。弱树此时增加一次春季施肥，以 17-10-18 为最佳，施用量 10～30 千克/亩。秋季早落叶、上年结果过多以及树势较弱的树，萌芽前喷布 1～3 次高浓度尿素，尿素要选择缩二脲含量低的高品质产品，浓度 2％～5％，前高后低。

（3）灌溉：萌芽前浇一次透水，经常发生霜冻的地区适当晚浇，否则宜早浇。

B. 整形修剪

详见 2 月份有关内容。

C. 花果管理

准备壁蜂。

D. 病虫害综合防治

修剪后降雨前全树喷布一遍广谱性杀菌剂（清园）。药剂应具有以下特点：①持效期长，最好能维持到 6 月底；②能渗透到苹果枝条的皮层内，杀死部分潜伏在浅层的病原菌；③杀菌谱广，杀灭力强，能铲除苹果枝干表面的病原菌，包括腐生菌，以减少霉心病菌、黑点病菌菌原量。首选药剂为成年大树喷高浓度的波尔多液，配比为硫酸铜：生石灰：水＝1：2～3：60～100。幼树全树涂波尔多浆，配比为硫酸铜：生石灰：水＝1：3～5：20～30，再加 1％～2％的动物油、植物油或豆粉，以增加波尔多浆的耐雨水冲刷能力；可选药剂为 5 波美度的石硫合剂。

4 月（花期）

A. 土肥水综合管理

（1）土壤管理：继续"行内起垄覆盖，行间自然生草"，将行间深根杂草去除。

（2）施肥：继续给采果后未施肥果园施肥。花期喷 0.2%～0.3%的硼砂 1～2 次。

（3）灌溉：开花前预报有霜冻时及时灌水。

B. 整形修剪

开花前复剪，花量大的情况下对细弱枝、拖地枝等适度回缩，减少负载。

C. 花果管理

（1）提高坐果率：提倡采用壁蜂授粉或人工授粉技术，开花前 2～3 天放蜂。

（2）花期防止晚霜冻：开花前根据天气预报，可采用熏烟、连续喷水、灌溉等技术预防花期晚霜冻。晚霜冻发生后采取人工辅助授粉、喷营养液等措施提高坐果率，减轻损失。

（3）疏花序：每 20～25 厘米留一个花序。

D. 病虫害综合防治

开花前全园喷布一次药剂。用药时间在苹果花露红至花序分离期。一般选择 1～2 种杀菌剂，1～2 种杀虫剂和 1 种杀螨剂混合喷施。杀菌剂建议喷施甲基硫菌灵、多菌灵、代森锰锌等广谱性的杀菌剂。杀虫剂建议喷施高效、低毒、对授粉蜂危害弱的 2.5%三氟氯氰菊酯（功夫）乳油 3 000 倍液等。建议对螨类越冬虫口基数高的果园混加 5%唑螨酯（霸螨灵）悬浮剂 1 500 倍、或 15%哒螨灵乳油 2 000 倍液。

5 月（新梢旺长期）

A. 土肥水综合管理

（1）土壤管理：去除行间大型杂草，当行间自然生草草高 30

厘米时刈割 1 次，留茬高度 5～10 厘米。

（2）施肥：套袋前结合病虫害防治喷 3～4 次钙肥，可选择硝酸钙、果蔬钙、液体钙、氯化钙等，浓度 0.3％～0.4％。在套袋前追肥 1 次，根据上年产量及今年的花量确定施复合肥量，最好用 17-10-18＋TE 等（TE 即 trace elemengt 的缩写，指相应的微量元素养分），亩产 2 000 千克以下果园施 30～40 千克；亩产 2 000～3 000 千克果园施 35～50 千克；亩产 3 000 千克以上果园施 60～70 千克。

（3）灌溉：花后 20 天结合施肥浇水 1 次，这是保证果实膨大的关键一水。

B. 整形修剪

幼树继续开张角度、去除竞争枝等工作。及时去除拉枝后背上萌发的过多直立枝。

C. 花果管理

疏花疏果：保证每 20～25 厘米留 1 个果。

D. 病虫害综合防治

（1）苹果谢花后第一次喷药

主要防治红蜘蛛、霉心病、苹小卷叶蛾和轮纹病，同时兼治蚜虫、锈病、白粉病、斑点落叶病等。时间为谢花后第七至第十天。可参照 4 月份所用药剂选用 1～2 种杀菌剂、1 种杀虫剂、1 种杀螨剂和 1 种补钙剂混用。

（2）苹果谢花后第二次喷药

主要保护幼果和花器免受轮纹病菌、霉心病菌和黑点病菌侵染，同时兼治各种蚜虫、锈病、斑点落叶病、腐烂病、棉铃虫、红蜘蛛、康氏粉蚧等。时间为第一次喷药后的 10～15 天。可参照 4 月份所用药剂选用 1 种杀菌剂、1 种杀虫剂、1 种灭蚜剂和 1 种补钙药剂混用。

（3）苹果套袋前用药

主要保护果实在套袋内不受病菌侵染和害虫的为害，同时铲除部分已侵染病菌。重点防治的病虫害包括轮纹病、黑点病和蚜虫，同时兼治金纹细蛾、螨类，炭疽叶枯病、褐斑病、斑点落叶病、腐烂病等。时间为套袋前的 1～3 天内喷施，药液晾干后才能套袋。可选用 1 种杀菌剂、1 种杀虫剂，以持效期较长药剂为主。

6 月份（花芽分化和第一次膨果期）

A. 土肥水综合管理

（1）土壤管理：去除行间深根型杂草，当行间自然生草高 30 厘米时刈割，留茬高度 5～10 厘米。平原地果园挖排水沟，挖出的土覆在树行内成垄。

（2）施肥：继续完成喷钙肥及第一次追肥。有缺铁黄叶病的果园喷布 2～3 次 0.3%～0.4% 的黄腐酸铁，有缺锌小叶病的果园喷布 2～3 次 0.3%～0.4% 的硫酸锌。

（3）灌溉：花后 20 天全园灌一次透水以促果实膨大，然后适当控水以利于花芽分化。

B. 整形修剪

此时是苹果花芽分化的关键时期，要选用控水、喷生长抑制剂、大枝环割、扭梢、拉枝等必要措施抑制新梢旺长、促进花芽分化。

C. 花果管理

（1）疏果：谢花后 7～10 天开始疏果，20 天内疏完，以免过多消耗树体营养，留果间距一般为 20～25 厘米。

（2）套袋：①按前述纸袋标准中遮光性、防水性、透气性、内袋蜡层的熔点（防止高温蜡溶解而灼伤果面）选用合格的纸袋。②套袋前喷最后一遍药后 48 小时开始选择生长发育良好、果形端正的果子给其套袋，早晨有露水或遇高温时不能套袋。③学会正确的套袋方法以防损伤果柄。④套袋时间过长（7 天）或遇雨时应再喷药剂。

D. 病虫害综合防治

重点针对褐斑病、轮纹病、炭疽叶枯病、红蜘蛛、银纹细蛾、腐烂病等用药，同时考虑斑点落叶病、苹果绵蚜、苹果小卷叶蛾等。

用药时间为 6 月中旬前后，持续阴雨期到来之前喷施套袋后的第一次药剂（6 月份，我国北方地区有一个持续降雨期，持续降雨来临前，果园内需全面喷布一次持效期长的保护性杀菌剂）；套袋后第一次喷药的第十五至第二十天喷第二次药，首选药剂为波尔多液（$CuSO_4 : CaO : H_2O = 1 : 2 \sim 3 : 200$），不能使用波尔多液时考虑使用 75% 代森锰锌水分散粒剂 800 倍液以保护叶和枝干在降雨期间不受病原菌侵染，根据病虫害发生情况，可选用 1 种具有内吸治疗作用的杀菌剂、1 种杀螨剂和 1 种杀虫剂（杀菌剂可选用 75% 肟菌·戊唑醇水分散粒剂 3 000 倍液，炭疽叶枯病严重的果园选用 60% 吡唑嘧菌酯·代森联水分散粒剂 1 500 倍液，杀虫可混加 25% 灭幼脲悬浮剂 1 500 倍液）以除病、杀螨、治虫。

7 月份（秋梢生长至第二次膨果期）

A. 土肥水综合管理

　　（1）土壤管理：去除行间深根型杂草，当行间自然生草高 30 厘米时刈割，留茬高度 5～10 厘米。平原地果园此时必须挖好排水沟，挖出的土覆在树行内成垄。黏重土壤还可挖放射沟，沟内埋秸秆以利于排水。

　　（2）施肥：有缺铁黄叶病的果园继续喷布黄腐酸铁，有缺锌小叶病的果园继续喷布硫酸锌。开始追膨果肥，追肥类型以高氮高钾为主（如 17-8-20、15-5-20 等），施肥原则为"少量多次、窄沟多沟"，7 月初开始每隔 15 天左右追肥 1 次，用量根据坐果量确定，每次 0.5～1 千克左右/100 个套袋果。

　　（3）灌溉：前期适当控水以利于花芽分化，后期根据天气适时灌溉，灌溉方式宜采取"小沟快流"方式，每次灌溉的同时都要追肥。

B. 整形修剪

　　此时对直立生长的枝条采取扭梢和拉枝等方式缓和长势。对内膛过多枝条最好延后处理。

C. 病虫害综合防治

重点针对褐斑病、炭疽叶枯病、轮纹病、腐烂病、红蜘蛛、银纹细蛾等喷药，同时考虑防治苹果小卷叶蛾、康氏粉蚧、食叶毛虫等。7月中旬前后喷套袋后第三次药，首选仍为波尔多液，降雨前喷施；套袋后第三次喷药的第十五至第二十天喷第四次药，主要铲除已侵染病菌、杀螨、治虫，根据病虫害发生情况，可选用1种具有内吸治疗作用的杀菌剂、1种杀螨剂和1种杀虫剂，药剂同6月份。

8月份（第二次膨果期）

A. 土肥水综合管理

（1）土壤管理：去除行间深根型杂草，当行间自然生草高30厘米时刈割，留茬高度5～10厘米。黏重土壤还可挖放射沟，沟内埋秸秆以利于排水。

（2）施肥：有缺铁黄叶病的果园继续喷布黄腐酸铁，有缺锌小叶病的果园继续喷布硫酸锌。开始追膨果肥，追肥类型以高氮高钾为主（如17-8-20、15-5-20等），施肥原则为"少量多次、窄沟多沟、前多后少"，继续7月初开始的每隔15天左右追肥1次，用量根据坐果量确定，每次每100个套袋果施肥0.5～1千克左右。

（3）灌溉：根据天气适时灌溉，灌溉方式宜采取"小沟快流"方式，每次灌溉都要追肥。

B. 整形修剪

此时对直立生长的枝条采取扭梢和拉枝等方式缓和长势。对内膛过多枝条最好延后处理。

C. 病虫害综合防治

重点针对褐斑病、炭疽叶枯病、轮纹病、腐烂病、食叶毛虫、康氏粉蚧等喷药，同时考虑防治斑点落叶病。8月中旬前后于降雨前喷套袋后第五次药，主要保护叶片和枝干在雨季不受病菌的侵染，首选药剂仍为波尔多液。

苹果套袋后病虫防治选择药剂以广谱长效为主，药剂安全性退位第二。对于杀菌剂，要求黏着性强、耐雨水冲刷，以保证较长持效期；对于杀虫剂，要求专化性强、对天敌生物的伤害小。雨前以喷施保护性杀菌剂为主，雨后以喷施内吸治疗性杀菌剂为主；保护性杀菌剂和内吸治疗性杀菌剂应交替使用。同一种内吸性杀菌剂的每年用药次数最多不能超过 3 次。

9 月份（果实膨大至摘袋期）

A. 土肥水综合管理

（1）土壤管理：去除行间深根型杂草，当行间自然生草高 30 厘米时刈割，留茬高度 5～10 厘米。黏重土壤还可挖放射沟，沟内埋秸秆以利于排水。

（2）施肥：有缺铁黄叶病的果园继续喷布黄腐酸铁，有缺锌小叶病的果园继续喷布硫酸锌。根据 8 月份施肥次数及施肥量等情况继续追膨果肥。已采收果园及时施基肥（详见 10 月份施基肥方法）。

（3）灌溉：根据天气适时灌溉，灌溉方式宜采取"小沟快流"方式，每次灌溉都要追肥。

B. 整形修剪

摘袋前去除内膛多余旺枝（不要去除过早），以利于着色。

C. 花果管理

（1）摘袋：当温差较大时先去除外袋，2～3 天后去除内袋。

（2）摘叶：摘袋前后适度去除部分挡光的叶片。

D. 病虫害综合防治

（1）重点针对褐斑病、炭疽叶枯病、轮纹病、腐烂病、食叶毛虫、康氏粉蚧等，同时考虑防治斑点落叶病。9 月上旬喷套袋后第六次药，可选用 1 种内吸杀菌剂、1 种杀螨剂和 1 种杀虫剂。

（2）摘袋前的 1～2 天喷施 1 次广谱性的杀虫和杀菌剂以清理果园内的害虫与病菌，防止解袋后为害果实，可选择 50％多菌灵可湿性粉剂 800 倍混加 4.5％高效氯氰菊酯乳油 1 000 倍液。

10月（果实成熟采收期）

A. 土肥水综合管理

（1）施肥：果实采收后要尽快施基肥。基肥类型包括各种有机肥和化肥。施肥量为豆饼类每树 2.5～5 千克或生物有机肥每树 7.5～10 千克或农家肥每树 75～100 千克；化肥可采用有机无机复混（如有机无机 12-8-10）或 17-10-18 或 15-14-16 等，化肥用量对盛果期每树 5～10 千克。施肥方法采用沟施法。

落叶前叶面喷肥：在落叶前 20 天左右喷高浓度尿素加少量硼砂和硫酸锌，在 10 月下旬到 10 月底喷第一次，尿素浓度 1％～2％，7 天后喷第二次浓度为 2％～3％，7 天后再喷第三次浓度为 5％～6％，每次加少量硼砂和硫酸锌。

（2）灌溉：摘袋前后天气干旱时浇一次小水。

B. 整形修剪

摘袋前去除内膛多余旺枝（不要去除过早），以利于着色。

C. 花果管理

（1）摘袋：当温差较大时先去除外袋，2～3 天后去除内袋。

（2）摘叶：摘袋前后适度去除部分挡光的叶片。

（3）垫果：用果垫垫果防止果皮磨损。

（4）铺反光膜。

（5）适时采收。

11月（养分回流至落叶期）

A. 土肥水综合管理

（1）施肥：果实采收后要尽快施基肥（详见 10 月份施基肥方法）。落叶前叶面喷肥（详见 10 月份叶面喷肥方法）。

（2）灌溉：封冻前灌水可以增强果树抵御严寒的能力，满足果树来年春季生长发育所需的水分。时间宜在 11 月中旬，气温在 －3～10℃时，灌水量一定要灌透。

B. 树干防护

树干涂白：苹果树落叶至土壤结冻前，涂白可减少或避免果树日烧和冻害，消灭树干裂皮缝内的越冬害虫等。涂白剂的配制比例为生石灰 5～6 千克、食盐 1 千克、水 12.5 千克、展着剂 0.05 千克、动物油 0.15 千克、石硫合剂原液 0.5 千克。

12 月（休眠期）

A. 整形修剪

12 月底到 3 月酌情修剪，修剪越晚越好。修剪方法详见 2 月份。

B. 清园

清除园内修剪的枝条等，以减少病虫基数。

4.2 苹果园病虫害年周期防治历

4.2.1 苹果开花前病虫害综合防治措施

A. 修剪后降雨前全树喷布一遍广谱性杀菌剂（清园）

（1）主要作用：①保护剪锯口，防止新剪锯口在 4～6 月份被轮纹病菌和腐烂病菌侵染；②铲除伏于树体表面和表层的病原菌。

（2）用药时间：3 月份中旬、苹果树修剪后、降雨前。苹果树宜在春季修剪，修剪时应刮除腐烂病斑、轮纹病斑、死皮和老翘皮，清除枯枝、落叶和僵果；清园后的降雨前全树喷布一遍杀菌剂。

（3）理想药剂　理想药剂应具有以下特点：①持效期长，保护效果最好能维持到 6 月底；②具有一定渗透性，能渗透到苹果枝条的皮层内，杀死部分潜伏在浅层的病原菌；③杀菌谱广、杀灭力强，能铲除苹果枝干表面的病原菌（包括腐生菌），以减少霉心病菌、黑点病菌菌原。

（4）首选药剂：成年大树可喷高浓度的波尔多液，配比为硫酸铜：生石灰：水＝1：2～3：60～100。幼树全树涂波尔多浆，配比为硫酸铜：生石灰：水＝1：3～5：20～30，再加1％～2％的动物油、植物油或豆粉，以增加波尔多浆的耐雨水冲刷能力。

（5）可选药剂：5波美度的石硫合剂或100倍硫酸铜。有机杀菌剂可选用50％多菌灵可湿性粉剂200倍、或40％氟硅唑乳油1 000倍、或40％腈菌唑乳油1 000倍、或25％丙环唑乳油800倍液。为了增强药剂的铲除效果，延长保护期，有机杀菌剂浓度比生长季节增大2～4倍使用。

B. 开花前全园喷布第二次药剂

（1）主要作用：①消灭花期前后初孵或出蛰的蚜虫、红蜘蛛、绿盲蝽、卷叶蛾等幼虫；②保护苹果的幼嫩组织在花期不受白粉病菌、锈病菌、霉心病菌、花腐烂病菌等侵染。

（2）用药时间：苹果花露红至花序分离期。用药时间过早时防治效果差；用药时间过晚对传粉昆虫有杀伤作用。温度偏高、花蕾发育速度快时用药时间应提前，温度偏低时用药时间应延后。

（3）用药原则：①应兼治不同的病虫害，花前用药一般选择1～2种杀菌剂、1～2种杀虫剂和1种杀螨剂混合喷施，冻害严重的地区需加防冻剂；②药剂在混合使用时不能超过5种，否则易引起药害；③花序分离前，叶和花尚未展露，不必过于担心药害问题，药剂的浓度可比生长期增大0.5倍到1倍使用。

（4）建议药剂：①杀菌剂建议选用喷施70％甲基硫菌灵可湿性粉剂800倍、或50％多菌灵可湿性粉剂600倍、或70％丙森锌（安泰生）可湿性粉剂500倍、或80％代森锰锌（大生M-45）可湿性粉剂600倍、或75％代森锰锌（蒙特森）悬浮剂600倍液；白粉病、锈病严重的果园或花序分离前后遇雨，宜选用具有内吸作用的三唑类杀菌剂，具体为40％氟硅唑（福星）乳油6 000倍、或43％戊唑醇（好力克）悬浮剂3 000倍、或25％丙环唑乳油2 000倍液；霉心病发病严重的果园，可混加50％异菌脲（扑海因）悬浮剂800倍、或10％多抗霉素（宝丽安）可湿性粉剂800倍液。

②杀虫剂建议选用喷施高效、低毒、对授粉蜂为害弱的杀虫剂，具体为 2.5％三氟氯氰菊酯（功夫）乳油 3 000 倍、或 4.5％的高效氯氰菊酯乳油 1 500 倍液；绵蚜或绿盲蝽危害严重的果园，建议喷施 48％毒死蜱乳油 2 000 倍液；苹果瘤蚜和黄蚜越冬基数高的果园，建议混加 10％吡虫啉可湿性粉剂 3 000 倍液；对环境和果品质果要求高的果园，建议选择专化性强、毒性低的杀虫剂，具体为氯虫苯甲酰胺、或虫酰肼、或甲氧虫酰肼、或灭幼脲等。③杀螨剂建议在螨类越冬虫口基数高的果园混加 5％唑螨酯（霸螨灵）悬浮剂 1 500 倍、或 15％哒螨灵乳油 2 000 倍液。

4.2.2 苹果谢花后至套袋前病虫害的综合防治措施

A. 苹果谢花后第一次用药

（1）主要作用：防治红蜘蛛、霉心病、苹小卷叶蛾和轮纹病，同时兼治蚜虫、锈病、白粉病、斑点落叶病等。

（2）用药时间：谢花后第七至第十天。主要根据害螨的种类确定，以山楂红叶螨为主的果园，谢花后 7～10 天用药防治效果最好；以苹果全爪螨为主的果园，用药时间再提前 3～5 天。

（3）用药原则：①防病、治虫、杀螨、补钙同步进行，可选用 1～2 种杀菌剂、1 种杀虫剂、1 种杀螨剂和 1 种补钙剂混用。②若花期无降雨，可选持效期较长的保护性杀菌剂；花期前后遇低温多雨或霉心病严重的果园，需选用内吸治疗剂，混加对霉心病有特效的防治药剂，如多抗霉素（宝丽安）、扑海因等。③锈病或白粉病发病严重的果园，需添加防治锈病和白粉病的药剂，如甲基硫菌灵、苯醚甲环唑等。

（4）建议药剂：①杀螨剂可选 20％四螨嗪（螨死净）悬浮剂 2 000 倍、或 5％唑螨酯（霸螨灵）悬浮剂 2 000 倍液。②杀虫剂可选 20％虫酰肼（米满）悬浮剂 1 000 倍、或 25％灭幼脲悬浮剂 1 500 倍液。③杀菌剂可选 70％丙森锌（安泰生）可湿性粉剂 800 倍、或 75％代森锰锌水分散粒剂 800 倍＋10％多抗霉素（宝丽安）可湿性粉剂 1 500 倍液，也可选用 25％嘧菌酯（阿米西达）

悬浮剂1 500倍、或60％百泰（吡唑醚菌酯＋代森联）水分散粒剂1500倍＋10％多抗霉素（宝丽安）可湿性粉剂1500倍液；白粉病严重的果园可用70％甲基硫菌灵可湿性粉剂1 500倍、或10％苯醚甲环唑（世高）水分散粒剂2 500倍＋10％多抗霉素（宝丽安）可湿性粉剂1 500倍液。④补钙剂混加16％翠康钙宝1 500倍液。

B. 苹果谢花后第二次用药

（1）主要作用：保护幼果和花器免受轮纹病菌、霉心病菌和黑点病菌侵染，同时兼治各种蚜虫、锈病、斑点落叶病、腐烂病、棉铃虫、红蜘蛛、康氏粉蚧等。

（2）用药时间：第一次用药后的第十至第十五天。

（3）用药原则：①防病、治虫、灭蚜、补钙同步进行，可选用1种杀菌剂、1种杀虫剂、1种灭蚜剂和1种补钙药剂混用。②若第一次用药后，没有出现有效降雨，可选用持效期较长的保护性杀菌剂，否则需选用具有内吸治疗效果的杀菌剂。③苹果进入生长季节会有大量天敌出现，建议使用专化性强的杀虫剂，不建议使用菊酯类、有机磷类广谱性杀虫剂，在天敌能控制害虫危害的情况下，尽量不使用杀虫剂。

（4）建议药剂：①灭蚜剂可选25％吡虫啉可湿性粉剂6 000倍液。②杀菌剂可选用70％丙森锌可湿性粉剂800倍、或75％代森锰锌水分散粒剂800倍、或50％多菌灵可湿性粉剂800倍、或70％甲基硫菌灵可湿性粉剂1 500倍液；若遇持续时间超过12小时、雨量超过10毫米的降雨，且距第一次用药5天以上，对于锈病危害严重的果园，应于雨后的5天内喷施10％苯醚甲环唑（世高）水分散粒剂2 500倍、或43％戊唑醇（好力克）乳油4 000倍液；对于轮纹病和霉心病严重的果园，雨后2～3天内喷施50％多菌灵可湿性粉剂800倍、或70％甲基硫菌灵可湿性粉剂1 500倍液。③杀虫剂可选25％灭幼脲悬浮剂1 500倍、或20％杀铃脲悬浮剂6 000倍液。④杀螨剂在红蜘蛛虫口密度超过2头/叶时混加阿维菌素。⑤补钙剂混加17％沃生钙1 500倍液。

C. 苹果套袋前用药

（1）主要作用：①保护果实在套袋内不受病菌侵染和害虫的为害，同时铲除部分已侵染病菌。②重点防治轮纹病、黑点病和蚜虫，同时兼治金纹细蛾、螨类、炭疽叶枯病、褐斑病、斑点落叶病、腐烂病等。

（2）用药时间：在套袋前的1～3天内喷施，药液晾干后套袋。

（3）用药原则：①防病、治虫、灭蚜、杀螨、补钙同时步，可选用1种杀菌剂、1种杀虫剂，以持效期较长药剂为主。②自上次用药后无有效降雨时，可选持效期较长的保护性杀菌剂，否则需选内吸治疗性的杀菌剂。③炭疽叶枯病严重的果园需选用以吡唑嘧菌酯为主要有效成分的杀菌剂；蚜虫为害的趋势强时混加吡虫啉；当红蜘蛛超过2头/叶时混加杀螨剂。

（4）建议药剂：①杀菌剂在上次用药后若没有降雨，杀菌剂可选68.75%易保水分散粒剂1 200倍、或70%丙森锌可湿性粉剂800倍、或75%代森锰锌水分散粒剂800倍液；上次用药后有降雨时，杀菌剂可选用70%甲基硫菌灵可湿性粉剂1 500倍、或10%苯醚甲环唑水分散粒剂2 500倍、或50%多菌灵可湿性粉剂800倍液；炭疽叶枯病严重的果园可选用25%嘧菌酯（阿米西达）悬浮剂1 500倍、或60%吡唑醚菌酯·代森联水分散粒剂1 500倍、或25%吡唑嘧菌酯乳油1 000倍液。②灭蚜剂在蚜虫有危害趋势时选用25%吡虫啉可湿性粉剂6 000倍液。③杀虫剂可选用25%灭幼脲悬浮剂1 500倍、或20%杀铃脲悬浮剂6 000倍液。④杀螨剂在红蜘蛛虫口密度超过2头/叶时混加阿维菌素。⑤补钙剂混加16%翠康钙宝1 500倍液。

D. 苹果落花后至套袋前病虫防治应注意的问题

（1）用药原则：①苹果谢花至套袋前，幼果幼叶对外界的化学刺激非常敏感，用药不当会造成果锈、黑点、生理落果、叶果生长不良等药害，因此应尽量选用分散度高、悬浮性好、杀菌谱广、杀灭力强、可混性好、刺激性小的药剂，禁止添加任何增效剂。②禁止使用波尔多液、铜制剂、双氧水、含硫磺或福美双的复配制剂；

不要使用劣质的代森锰锌和有机磷杀虫剂，以免加重果锈、生理落果或隐性药害；不要使用三唑类杀菌剂，以免阻碍幼果、幼叶生长，不得已时最多施用 1 次。③混用药剂的种类最多不超过 5 种。

（2）喷药技术：①喷药过程要求机械压力适中、雾化程度良好，定期更换新的喷片，适度远离幼果，喷头由下而上细致均匀喷洒。②喷施杀菌剂时特别要喷到幼果的花器、枝干及剪锯口等部位，以减少霉病菌、腐烂病菌、轮纹病菌的侵染。

4.2.3 苹果套袋后病虫害的综合防治措施

A.6 月用药

（1）主要作用：6 月份重点针对褐斑病、轮纹病、炭疽叶枯病、红蜘蛛、银纹细蛾、腐烂病等用药，同时考虑斑点落叶病、苹果绵蚜、苹果小卷叶蛾等。

（2）用药时间：套袋后第一次药剂于 6 月中旬，持续阴雨期到来之前喷施。我国北方地区 6 月份的持续降雨来临前，果园内需全面喷布一次持效期长的保护性杀菌剂。第二次用药在第一次用药的15～20 天。

（3）用药原则：①6 月份我国北方常持续降雨，这对褐斑病、炭疽叶枯病、轮纹病、腐烂病、斑点落叶病、黑星病等病菌的侵染非常有利，是全年防治病害的第一个关键时期，因此降雨之前全园必须喷布一次持效期长的杀菌剂，首选药剂为波尔多液，以保护叶和枝干在降雨期间不受病原菌侵染。②第二次用药以铲除侵染病菌、杀螨、治虫为主，根据病虫害发生情况，可选用 1 种内吸治疗性的杀菌剂、1 种杀螨剂和 1 种杀虫剂。

（4）建议药剂：①套袋后第一次用药以波尔多液（$CuSO_4$：CaO：$H_2O=1$：$2\sim3$：200）为主，不能使用波尔多液时考虑使用75％代森锰锌水分散粒剂 800 倍、或 70％丙森锌可湿性粉剂 800倍、或 75％肟菌·戊唑醇水分散粒剂3 000倍、或 18.7％吡唑醚菌酯·烯酰吗啉（凯特）水分散粒剂1 000倍液；波尔多液属碱性药剂，一般不能混加杀虫和杀螨剂，如果红蜘蛛、金纹细蛾和苹果绵蚜种群数量大，可考虑混加杀螨、杀虫剂，常混的杀虫剂有30％氰戊菊酯·马拉硫磷乳油1 000倍、或48％毒死蜱1 200倍液，杀螨剂可选用5％唑螨酯悬浮剂2 000倍液。②套袋后第二次用药中，杀菌剂可选用75％肟菌·戊唑醇水分散粒剂3 000倍、或43％戊唑醇乳油4 000倍、或40％氟硅唑乳油8 000倍液；炭疽叶枯病严重的果园选用60％吡唑嘧菌酯·代森联水分散粒剂1 500倍、或18.7％吡唑嘧菌酯·烯酰吗啉水分散粒剂1 000倍、或25％吡唑嘧菌酯乳油1 000倍液；杀虫可混加25％灭幼脲悬浮剂1 500倍、或20％虫酰肼悬浮剂1 000倍液；杀螨剂混加20％三唑锡可湿性粉剂2 000倍、或1.8％阿维菌素4 000倍液；苹果绵蚜为害严重时可混加25％吡虫啉可湿性粉剂5 000倍液。

B. 7月用药

（1）主要作用：7月份重点针对褐斑病、炭疽叶枯病、轮纹病、腐烂病、红蜘蛛、银纹细蛾等用药，同时考虑苹果小卷叶蛾、康氏粉蚧、食叶毛虫等。

（2）用药时间：①套袋后第三次药在7月中旬、降雨前喷施。②套袋后第四次药在第三次用药的第十五至第二十天施用。

（3）用药原则：①套袋后第三次药主要保护叶片和枝干在7月的雨季不受褐斑病、炭疽叶枯病、轮纹病、腐烂病等病菌的侵染，是全年防治病害的第二个关键时期，首选仍为波尔多液。②套袋后第四次用药主要为铲除病菌、杀螨、治虫，根据病虫害发生情况，可选用1种内吸治疗性的杀菌剂、1种杀螨剂和1种杀虫剂。

（4）建议药剂：①套袋后第三次用药以波尔多液（$CuSO_4$：CaO：H_2O＝1：2～3：200）为主，不能使用波尔多液时考虑使用75％代森锰锌水分散粒剂800倍、或70％丙森锌可湿性粉剂800倍、或75％肟菌·戊唑醇水分散粒剂3 000倍、或18.7％吡唑嘧菌酯·烯酰吗啉水分散粒剂1 000倍液；虫害严重时可混30％氰戊菊酯·马拉硫磷乳油1 000倍液；红蜘蛛危害严重时可混5％唑螨酯悬浮剂2 000倍液。②套袋后第四次用药中，杀菌剂可选用75％肟菌·戊唑醇水分散粒剂3 000倍、或 43％戊唑醇乳油4 000倍、或 40％氟硅唑乳油8 000倍、或 25％丙环唑3 000倍液；炭疽叶枯病严重的果园选用 60％吡唑嘧菌酯·代森联水分散粒剂1 500倍、或 18.7％吡唑嘧菌酯·烯酰吗啉水分散粒剂1 000倍、或 25％吡唑嘧菌酯乳油1 000倍液；杀虫剂可混加 20％杀铃脲悬浮剂6 000倍、或 25％灭幼脲悬浮剂1 500倍、或 20％虫酰肼悬浮剂1 000倍液。

C. 8 月和 9 月份用药

（1）主要作用：8 月和 9 月份用药重点针对褐斑病、炭疽叶枯病、轮纹病、腐烂病、食叶毛虫、康氏粉蚧等，同时防治斑点落叶病。

（2）用药时间：套袋后第五次药在 8 月中旬、降雨前喷施。第六次用药根据情况在 9 月上旬使用。

（3）用药原则：①8 月份是北方地区全年降雨最多的一个月份，也是褐斑病、炭疽叶枯病、轮纹病和腐烂病等病菌侵染最活跃的一个月份，第五次用药主要保护叶片和枝干在雨季不受褐斑病、炭疽叶枯病、轮纹病、腐烂病等病菌的侵染，首选药剂仍为波尔多液。②9 月份温度高、降雨多，当地有炭疽叶枯病发生时，需于 9 月份选用 1 种内吸杀菌剂、1 种杀螨剂和 1 种杀虫剂喷施第六次药。

（4）建议药剂：①套袋后第五次用药以波尔多液（$CuSO_4$：CaO：H_2O＝1：2～3：200）为主，不能使用波尔多液时考虑使用75％代森锰锌水分散粒剂 800 倍、或 70％丙森锌可湿性粉剂 800倍、或 75％肟菌·戊唑醇水分散粒剂3 000倍、或 18.7％吡唑嘧菌酯·烯酰吗啉水分散粒剂1 000倍液；虫害严重时可混加 5％甲维盐乳油5 000倍、或 30％氰戊菊酯·马拉硫磷乳油1 000倍液。②套袋后第六次用药中，杀菌剂可选用 10％苯醚甲环唑水分散粒剂2 500倍、或 40％氟硅唑乳油6 000倍、或 70％甲基硫菌灵可湿性粉剂 800 倍液，杀虫剂可混加 4.5％高效氯氰菊酯乳油1 000倍液；有炭疽叶枯病时或敏感品种，应于 9 月上旬再喷施一次波尔多液。

D. 解袋前用药

（1）主要作用：清理果园内的害虫与病菌，防止解袋后为害果实。

（2）用药时间：解袋前的 1～2 天。

（3）用药原则：果园病虫害严重或对果品要求较高时，需使用广谱性的杀虫和杀菌剂，同时可以混加促进着色的药剂。

（4）建议药剂：50％多菌灵可湿性粉剂 800 倍混加 4.5％高效氯氰菊酯乳油 1 000 倍液。

E. 苹果套袋后病虫害防治应注意的问题

（1）用药原则：①苹果套袋后，选择药剂应以广谱长效为主，药剂安全性退位第二。②选用杀菌剂要求黏着性强、耐雨水冲刷，以保证较长持效期；选用杀虫剂要求专化性强、对天敌生物的为害弱。③雨前以喷施保护性杀菌剂为主，雨后以喷施内吸治疗性杀菌剂为主；保护性杀菌剂和内吸治疗性杀菌剂应交替使用。④同一种内吸性杀菌剂的每年用药次数最多不能超过 3 次。

（2）喷药需注意的问题：①喷药过程要求机械压力适中，雾化程度良好。②定期更换新的喷片，喷洒要均匀周到。③每次喷药一定要将药液喷布到枝条、枝干和主干上，特别是当年形成的剪口上，以铲除枝干上的腐烂病菌和轮纹病菌并保护剪口不受病原菌侵染。

（3）农业防治措施：6～8 月份，结合夏剪及时疏除旺长枝，增强果园内通风透光条件。及时摘除病果、虫果，剪除枯枝、死枝，刮除腐烂病斑并带出园外烧毁或深埋，以减少果园内的病源和虫源。

参 考 文 献

范伟国，杨洪强 . 2009. 细说苹果园土水肥管理 ［M］. 北京：中国农业出版社 .

吴今营，田福勇，陈新利 . 2010. 渭北旱塬苹果高效栽培管理实用技术 ［M］. 杨凌：西北农林科技大学出版社 .

汪景彦，王以胜 . 1996. 红富士苹果生产关键技术 ［M］. 北京：金盾出版社 .

中华人民共和国农业部 . 2009. 苹果技术 100 问 ［M］. 北京：中国农业出版社 .

钟世鹏 . 2011. 苹果高效栽培与病虫害防治 ［M］. 北京：中国农业科学技术出版社 .

王少敏，林香青 . 2009. 苹果套袋栽培配套技术问答 ［M］. 北京：金盾出版社 .

徐贵轩 . 2013. 寒富苹果栽培技术 200 问 ［M］. 北京：金盾出版社 .

王立新，王森 . 2012. 苹果优质丰产栽培技术 ［M］. 北京：化学工业出版社 .

张艳芬 . 1997. 苹果高效益栽培技术问答 ［M］. 北京：中国农业出版社 .

谢恩魁 . 2007. 农业实用新技术 100 项 ［M］. 杨凌：西北农林科技大学出版社 .

马宝焜，徐继忠 . 2008. 苹果精细管理十二个月 ［M］. 北京：中国农业出版社 .

李丙智，喻乐辉，张林森 . 2004. 优质苹果生产四项关键技术 ［M］. 北京：中国农业出版社 .

田世恩 . 2011. 苹果综合管理技术问答精编 ［M］. 北京：中国农业科学技术出版社 .

王江柱，解金斗，王鹏宝 . 2011. 苹果高效栽培与病虫害看图防治 ［M］. 北京：化学工业出版社 .

冯明祥，王国平 . 2013. 苹果梨山楂病虫害诊断与防治原色图谱 ［M］. 北京：金盾出版社 .

冯玉增，辛长永，胡清坡 . 2011. 图说苹果病虫害防治关键技术 ［M］. 北京：中国农业出版社 .

于毅，张安盛 . 2010. 提高苹果商品性栽培技术问答 ［M］. 北京：金盾出版社 .

王宇霖 . 2011. 苹果栽培学 ［M］. 北京：科学出版社 .

王芳，胡作栋，刘亚娟，等 . 2012. 果园刺蛾类害虫为害特点与防治措施 ［J］. 西北园艺（6）：31-32.

图书在版编目（CIP）数据

黄土高原苹果高产高效生产技术问答/刘全清，方杰，张江周主编 . —北京：中国农业出版社，2016.1
（中国现代农业科技小院丛书）
ISBN 978-7-109-21224-4

Ⅰ.①黄⋯　Ⅱ.①刘⋯②方⋯③张⋯　Ⅲ.①苹果－果树园艺－问题解答　Ⅳ.①S661.1-44

中国版本图书馆 CIP 数据核字（2015）第 289696 号

中国农业出版社出版
（北京市朝阳区麦子店街 18 号楼）
（邮政编码 100125）
责任编辑　贺志清

中国农业出版社印刷厂印刷　新华书店北京发行所发行
2016 年 1 月第 1 版　2016 年 1 月北京第 1 次印刷

开本：880mm×1230mm 1/32　印张：5
字数：125 千字
定价：14.00 元
（凡本版图书出现印刷、装订错误，请向出版社发行部调换）